彩图 4-1　绿头野鸭

彩图 4-2　斑嘴鸭

彩图 4-3　北京鸭（左♀，右♂）

彩图 4-4　高邮鸭（左♀，右♂）

彩图 4-5　巢湖鸭（左♀，右♂）

彩图 4-6　靖西大麻鸭（左♀，右♂）

彩图 4-7　樱桃谷鸭（来自网络）
（左♂，右♀）

彩图 4-8　番鸭（左♂，右♀）

彩图 4-9　天府肉鸭（左♀，右♂）

彩图 4-10　仙湖肉鸭配套系
（左♂，右♀）

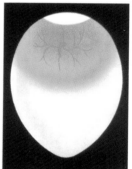

第1～1.5天　　　　　　第2.5～3天　　　　　　第4天

彩图 4-11

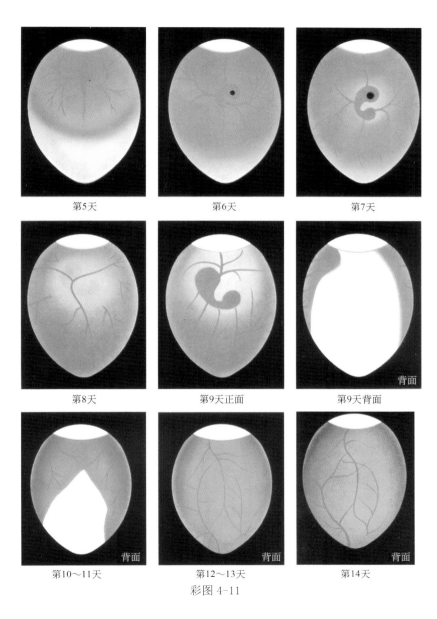

第5天　　　　　　　第6天　　　　　　　第7天

第8天　　　　　第9天正面　　　　　第9天背面

第10～11天　　　　第12～13天　　　　　第14天

彩图 4-11

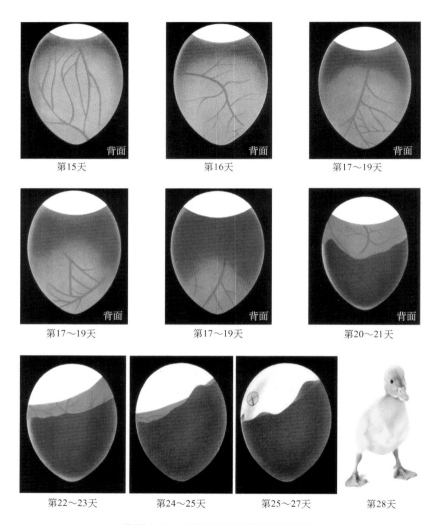

第15天　背面　第16天　背面　第17～19天　背面

第17～19天　背面　第17～19天　背面　第20～21天　背面

第22～23天　第24～25天　第25～27天　第28天

彩图 4-11　鸭胚胎孵化期发育示意图
（周新民、陈桂银等，鸭高效生产技术，2002）

肉鸭
高效健康养殖
技术问答

袁旭红　主编
谢献胜　审稿

化学工业出版社
·北京·

健康养殖是促进养殖业增长方式转变的关键。本书以最新的肉鸭健康养殖标准为指导，以生产"安全、优质、高效、无公害"的肉鸭产品为目标，针对肉鸭健康养殖生产中的关键环节，简明、实用地解答了养殖户关注的282个问题，包括：肉鸭养殖基础知识、鸭场设计与建造、肉鸭的营养与饲料配制、肉鸭的繁殖技术、肉鸭的健康养殖技术以及鸭场环境控制与卫生防疫、肉鸭常见病防治、鸭场的经营管理与风险防范八个方面。本书内容全面、语言通俗易懂，适合农民朋友阅读参考，可以作为推广普及肉鸭健康养殖新技术的培训教材使用，也可作为肉鸭生产技术人员、管理者以及基层科技工作者的参考书使用。

图书在版编目（CIP）数据

　　肉鸭高效健康养殖技术问答/袁旭红主编. —北京：
化学工业出版社，2018.1
　　ISBN 978-7-122-31050-7

　　Ⅰ.①肉…　Ⅱ.①袁…　Ⅲ.①鸭-饲养管理-
问题解答　Ⅳ.①S834.4-44

　　中国版本图书馆 CIP 数据核字（2017）第 289302 号

责任编辑：迟　蕾　李植峰	文字编辑：张春娥
责任校对：王　静	装帧设计：王晓宇

出版发行：化学工业出版社
　　　　　（北京市东城区青年湖南街 13 号　邮政编码 100011）
印　　刷：北京京华铭诚工贸有限公司
装　　订：北京瑞隆泰达装订有限公司
850mm×1168mm　1/32　印张 8½　彩插 2　字数 208 千字
2018 年 5 月北京第 1 版第 1 次印刷

购书咨询：010-64518888（传真：010-64519686）　售后服务：010-64518899
网　　址：http://www.cip.com.cn
凡购买本书，如有缺损质量问题，本社销售中心负责调换。

定　　价：24.00 元

《肉鸭高效健康养殖技术问答》
编审人员

主　　编　　袁旭红

副 主 编　　杨晓志　董　飚　卞友庆　李小芬

编　　者　　(按姓名汉语拼音排序)

　　　　　　卞友庆　董　飚　黄秀珍　吉俊玲

　　　　　　李小芬　王利刚　杨晓志　袁旭红

审　　稿　　谢献胜

前　言

　　我国是肉鸭养殖业历史悠久和发达的国家之一，在肉鸭饲养数量、品种资源及养殖技术方面都处于世界先进行列。由于我国地域辽阔，各地气候、生活习惯等的不同，养殖方式也多种多样。我国肉鸭养殖虽然数量多，但整体的饲养水平还需要加强，各地的饲养技术也参差不齐，特别是从高效健康养殖的角度来讲，生产的产品难以满足当今人们高质量生活水平的需求。为了促进肉鸭健康养殖业的快速发展，提高肉鸭养殖的科技含量，改变传统落后的生产方式，解决食品安全和环境污染问题，作者利用多年从事教学科研和生产实践的经验，收集国内外肉鸭健康养殖的先进技术，结合肉鸭养殖业的最新研究进展以及我国国情，编写了这本《肉鸭高效健康养殖技术问答》。

　　近年来频繁爆发的人畜共患传染病（如禽流感等）给人们敲响了警钟，发展生态、环保、绿色、标准化的健康养殖模式必将成为我国肉鸭养殖业的发展方向。如何从健康养殖的角度出发，生产出安全、优质、高效、无公害的肉鸭产品，是本书力求解决的关键问题。书中紧扣健康养殖主题，密切联系生产实践，内容新颖实用，同时采用一问一答的编写方式，简便实用，便于读者理解掌握。衷心希望在推广普及肉鸭健康养殖技术方面能够给广大从业人员和科技工作者提供帮助。

由于编者水平所限，加上各地自然条件、生产方式、消费习惯等的不同，书中所述可能会与某些地区的生产实际情况或生产习惯存在差异，敬请读者在使用过程中结合当地实际情况，进行适当调整。不足之处敬请指正。

编　者
2018 年 1 月

目 录

三、肉鸭的营养与饲料配制 40

四、肉鸭的繁殖技术 73/

五、肉鸭的健康养殖技术 135

六、鸭场环境控制与卫生防疫 200

一、肉鸭养殖基础知识

（一）概述

1. 肉鸭的外貌特征及其养鸭须知的鸭生物学特性有哪些?

（1）肉鸭的外貌特征 肉鸭的全身分为头部、颈部、体躯部、翼部和后肢部。

① 头部 肉鸭头呈圆形，没有冠、肉垂、耳叶。脸上有细毛，喙扁平而长，颜色因品种而不同，上颚大，下颚小，颚两侧呈锯齿状，这样的结构在两颚合拢时留有细隙，便于在水中觅食时排出泥水。在上颚的尖端有一坚硬角质的豆状突起，即喙豆。舌厚大，舌端有许多尖刺，便于捕捉小鱼、虾等食物。

② 颈部 肉鸭颈粗短，颈的长短粗细因品种而异，蛋鸭的颈细长，有颜色的公鸭颈羽有光泽。

③ 躯干部 除头、颈、翼和后肢外的其余部分都属于躯干部。肉鸭体躯深宽而下垂，背长而直，像船形，前躯稍稍提起；兼用种的体躯介于肉鸭和蛋鸭之间。一般公鸭体形大，背阔肩宽，胸深，身体呈长方形；母鸭体形比公鸭小，身长颈细，胸宽深，臀部近似方形。

④ 翼部 翼分左右两翼，鸭翼较狭长。

⑤ 后肢部 肉鸭胫较短，位置稍偏体后，除第一趾外，其余趾间有蹼，游泳时靠蹼的划动而前进。

⑥ 羽毛 肉鸭的体表覆盖着羽毛，头部和颈部的羽毛较短，

覆翼羽较大，主翼羽尖狭而坚硬，公鸭在副翼羽上有比较光亮而带翠绿色的羽毛叫镜羽。腹部和臀部绒羽较多且柔软，尾羽不发达，公鸭在尾羽中央的覆尾羽有 2～4 根向上卷曲，据此可鉴定公母。尾脂腺发达，分泌油脂，肉鸭用喙舔油脂以涂擦羽毛，使羽毛入水而不易沾湿。

（2）鸭的生物学特性　鸭生长发育快，性成熟早，繁殖能力强。鸭的正常体温为 41.5～43℃，心跳每分钟达 160～210 次，呼吸每分钟 16～26 次，新陈代谢旺盛，消化快，饮水、采食量大。如北京鸭饲养 7～8 周龄，体重可达到 3.45 千克，樱桃谷肉鸭 49 天体重超过 3 千克，狄高肉鸭 56 天体重达 3.5 千克，相当于初生重的 60 倍。鸭生长周期短，生长速度快，且屠宰率高，其可食部分占屠体的 65％以上，经育肥后的鸭体内和皮下都含有丰富的脂肪，肉质好、风味好，经填饲后的鸭肝更以香而不腻的特点备受消费者欢迎，畅销海内外。

鸭成熟比鸡、鹅早，种鸭 140 日龄左右即可开产，一只公鸭可配 25～30 只母鸭，而且交配不受季节影响，可以全年繁殖。除番鸭外，母鸭均无就巢性，需人工孵化和育雏。肉用品种鸭一年可产蛋 140～200 枚，兼用品种一年可产蛋 160～180 枚。如果以受精率、孵化率各 80％，育雏率为 95％计算，一只肉用品种的母鸭一年可以繁殖 84～121 只仔鸭，一只兼用品种的母鸭一年可以繁殖 99～108 只仔鸭。

2. 肉鸭有哪些生活习性？

肉鸭属于水禽，它的生活、繁殖、生长等性能方面都有其自身的特点，只有根据肉鸭的生物学特性进行饲养管理，才能提高经济效益。

（1）性好水，喜欢在水中觅食、嬉戏以及求偶交配，在水中每分钟能游 50～60 米，而在陆地上每分钟只能走 45～50 米，在休息和产蛋时肉鸭又需要在陆地干燥的环境中进行，所以肉鸭必须生活在有水的地方，但也要求有干燥的休息场所，在赶鸭到较远处放牧时尽量让鸭顺着有水的地方游走。

（2）具有浓密的绒羽和发达的尾脂腺，保温性能好，具有较强的防水抗寒能力，即使在寒冬腊月的水中仍能活动自如，但对羽毛尚未长成的雏鸭，要注意保暖。

（3）对气候的适应性比较强，在热带和寒带都能生活，但一般说来，肉鸭耐寒不耐热，尤其是那些个体大、脂肪厚的肉鸭，其耐热能力更差。

（4）性情温和驯服，喜欢合群生活，较少单独行动，少争斗，易管理，适合于大群放牧和圈养，便于规模化养殖。

（5）有较好的条件反射能力，反应灵敏，便于接受训练和调教，可以按照人们的意愿和条件进行训练，逐渐养成采食、饮水、放牧、产蛋、戏水、归巢等一些有规律性的习惯，利于饲养管理。

（6）胆子小，怕惊，易受刺激，对人、畜及突然出现的声响、色彩、强光、飞鸟、老鼠等不良刺激均有害怕的感觉，受惊的肉鸭群相互拥挤于一角，这种类似神经质的惊恐行为在 1 日龄左右即可出现。因此，无论是在育雏阶段，还是在养殖的其他阶段，都应尽量减少不良应激，为肉鸭创造一个舒适安静的生长环境。

（7）消化能力强，耐粗饲，喜欢吃杂食，有"鸭吃 72 种无名食"的民间谚语，可以证明肉鸭的食性广。肉鸭可利用的饲料品种多，能采食各种精、粗饲料和青饲料，善食水中的水生植物和浮游生物，尤其喜欢吃鱼、虾、螺、蚯蚓、昆虫等动物性饲料。

（8）嗅觉、味觉不发达，对饲料的适口性要求不高，凡是无酸败等异味的饲料都会大口吞咽。肉鸭容积较大的食道和发达的肌胃有利于采食大量的食物和消化食物，使其更利于放牧时采食到大量的食物，以降低饲料成本。

3. 什么是肉鸭的健康养殖？

肉鸭的健康养殖是指根据肉鸭的生物学特性，为肉鸭生长发育营造一个良好的、有利于快速生长的生态环境，提供充足的全价营养饲料，使其在生长发育期间最大限度地减少疾病的发生，使养殖全过程安全、健康，确保产品的安全、优质、无公害以及个体健康，同时产品肉质鲜嫩、营养丰富，并对养殖环境不产生污染，进而实现生态环境的可持续发展。

4. 为什么要实行健康养殖？

（1）国内形势发展需要健康养殖 我国自 20 世纪 80 年代以来，养殖业总产值连续 20 多年以年均 9％ 以上的速度增长。畜牧业已成为农业中最具活力的支柱产业之一，在国民经济与社会发展中发挥着越来越重要的作用。但当前我国养殖产业的形势面临着诸多挑战，由于畜牧养殖自身的生态结构和传统养殖方式的缺陷，使得养殖存在着许多问题，亟待解决。

一是畜产品安全问题。

二是养殖造成的环境污染。国家环保总局曾公布对全国 23 个省、自治区、直辖市进行的规模化畜禽养殖业污染情况的调查，结果显示，畜禽养殖产生的污染已经成为我国农村污染的主要来源。

三是动物疫病的复杂化和防控责任重大。

在国内消费市场上，随着国民经济的发展和人民生活水平的提高，畜禽产品在人们日常膳食结构中所占的比例越来越大，畜禽产品的安全和卫生问题已成为全社会共同关注的焦点，畜禽健康养殖势在必行。

（2）国际发展趋势呼唤健康养殖 随着经济全球化，世界各国普遍关注环境保护、食品安全和动物福利。发展健康养殖、杜绝餐桌污染是全人类的共同目标，制定和实施以食品安全为核心的质量保证体系已经成为各国政府、企业界和学术界关注的焦点。同时，世界贸易组织（WTO）各成员国纷纷制定了针对动物产品贸易的法律、法规和标准，实施绿色贸易壁垒。如何保持动物产品安全、优质、高效地生产已不仅仅是养殖业自身可持续发展的问题，还关系到国际关系中的贸易、安全等问题。在此背景下，世界各国争相开展健康养殖技术研究，以争取在未来国际竞争中处于主导地位。这一切都呼唤着需要健康养殖与实施符合新标准的规范化生产体系。

5. 影响肉鸭健康养殖的因素有哪些？

（1）**环境** 饲养环境是影响养殖的一个重要因素，舍内有害气体含量过高对肉鸭的生产和免疫性都能产生显著影响。肉鸭在养殖过程中会产生粪污排放问题，给环境保护带来较大的压力。肉鸭粪便中含有大量的氮、磷、矿物元素及其产生的氨、硫化氢等恶臭气体，严重污染了空气、水体及土壤，破坏了生态平衡，对其中生存的生物体造成了极大危害。除粪便外，兽药常以原形或代谢产物的形式随粪便等排泄物排放到环境中，兽药在土壤中的残留和蓄积，会对土壤微生物等造成不利影响。养殖环境非常复杂，而且始终在变化着，这些变化以各种各样的形式，经由不同的途径，直接或间接地对肉鸭机体产生影响。

（2）**品种** 优良的品种是高产优质的前提和基础。经过二十多年的快速发展，我国的肉鸭生产量已跃居世界首位，然而肉鸭品种及其产品的质量还不容乐观。这主要是由于在发展过程中存在以下问题：一是盲目引进，致使一些劣质品种引进来；其次是我国肉鸭繁育体系还需进一步健全，总体投入不够，导致硬件、软件与育种要求有差异；三是利益驱动，追求短期效益，忽视品种的技术含量，以"短平快"推出所谓新品种等，致使我国肉鸭品种质量良莠不齐、优劣并举；四是对传染性疾病的控制力度有待加强，这也严重影响着种群质量。

（3）**水质** 水是构成肉鸭机体最重要的物质之一，水质的优劣也是直接或间接影响肉鸭健康和生产效益的极其重要的因素。水质的优劣可用水质指标来评定，水质指标的项目包括水中的矿物质、水中的物理化学因子，如浊度、酸碱度、溶解氧量、生物需氧量、化学需氧量、氮及磷的含量，以及水中的细菌总含量和大肠杆菌数等。目前在业界尚未制定水质标准，也没有强制规定必须进行水质检测。如果养殖场用水含菌数偏高，甚至有致病菌混于其中，将严重影响肉鸭健康。

（4）**饲料** 一些饲料生产商和养殖企业为了降低生产成本，而寻找一些廉价的饲料原料，很可能会将一些不符合饲料添加标准的糟粕饲料、未经脱毒的矿物原料、不合格的工业下脚料以及未经消毒的其他植物性原料等添加到饲料中。而这些来源杂乱、质量不一的原料，其安全性得不到有效保证。再加上使用过程中对原料的安全性指标没有进行足够重视，对原料中安全卫生指标不清楚，也没有对这些饲料进行相应的质量检验，可能会导致饲料生产安全问题，饲料安全存在隐患。

（5）**添加剂** 饲料添加剂不规范使用主要表现在两方面：一是饲料添加剂的超范围使用；二是没有按规定正确使用饲料添加剂，特别是药物性添加剂。为此，农业部 2001 年 168 号公告规定了允许在饲料中长期添加使用的药物添加剂共 32 个品种，在实际生产中应严格遵守此规定。

（6）**药物** 例如，在饲料生产和养殖过程中使用违禁药品，诸如激素类、催眠镇静类和禁用的抗生素类等药物；在肉鸭正常生长允许范围内超限量添加药物添加剂；不遵守休药期和配伍禁忌等规定，或者在不清楚饲料产品属性的情况下，将不同类型的饲料产品混合搭配饲用，饲料中的药物成分在肉鸭产品中沉淀、残留。

（7）**疫病** 疫病是影响肉鸭健康养殖的重要因素之一。近年来规模养殖场和养殖小区建设发展迅速，但过分以及片面追求养殖规模的扩大和眼前利益，导致人畜共患病发生，这严重危害着肉鸭和人类的健康。疫病问题的突出，不仅动摇了人们对肉鸭产品消费的信心，也给我国肉鸭养殖业带来巨大的经济损失。

（二）肉鸭健康养殖的现状和前景

6. 现阶段我国肉鸭养殖业存在哪些问题？

（1）**鸭的疫病**　鸭病是发展鸭业生产的最大障碍，常见的病毒性疾病有鸭病毒性肝炎、鸭瘟、禽流感等；常见的细菌性疾病有传染性浆膜炎、大肠杆菌病、巴氏杆菌病等。

（2）**粪便、污水、病原微生物等的污染**　随着规模化养殖和养殖小区的推进，加上饲养设备的相对落后和安全意识跟不上，肉鸭场内外粪便污染较严重，舍内空气环境差，产生致病微生物，导致肉鸭上呼吸道黏膜抵抗力下降，引发疾病。养殖小区的建设，缺乏统一规划和管理，饲养户比较分散，疫病容易传播；粪便也会导致空气污染。近年来，由于养鸭业快速发展，也带来了水污染问题。同时，鸭也是禽流感病毒、新城疫病毒等的储存库，污染的水域是鸭流感病毒的温床，对其他禽类也存在潜在威胁。

（3）**信息智能化管理技术相对落后**　在肉鸭生产中，信息化、智能化等现代化管理手段相对落后，如在鸭舍环境自动控制技术方面，目前仅能监测舍内温度、湿度等指标，还未能智能化监测舍内氨气、二氧化碳及粉尘等指标，缺乏相应的自动化控制环境设备等，导致舍内氨气、二氧化碳浓度超标；在饲料营养方面，也不能完全满足生长和高产的需要。

7. 我国肉鸭健康养殖现状如何？

随着肉鸭产业技术的不断发展，我国的肉鸭饲养技术有了显著提高，生产方式也在逐步转变。但是伴随着肉鸭产业的快速发展，也带来了一系列的环境问题，影响肉鸭产品的质量安全，不利于肉鸭的疾病防控，对农民经济利益造成影响。

我国肉鸭品种资源丰富，肉鸭养殖基地主要集中在水源充沛的地区，如长江流域、珠江流域以及东北、河北、山东等地。这些地区江河纵横、湖泊众多、水生动植物资源丰富，为肉鸭产业发展提供了优越的自然地理条件，使肉鸭产业发展呈明显的区域性分布特征。

区别于传统粗放型的养殖模式，现代肉鸭养殖中出现的旱养模式符合养殖规模集约化和健康养殖的发展方向。针对兼用型鸭、肉鸭、番鸭等不同肉鸭品种的生产特点，我国水禽专家提出了不同的养殖模式，使我国的肉鸭养殖主体可以根据各个地区生产的特点选择不同的养殖技术。目前，我国养殖户主要采取的养殖模式包括地面平养、网上平养、稻鸭共作、季节性"稻田赶鸭"、鱼鸭混养和生态循环等养殖模式。

8. 当前影响肉鸭产品质量安全的主要因素有哪些？

例如，个别养殖者为了追求高利润，从促生长、控制疾病和提高瘦肉率等方面着手，超量或违禁使用矿物质、抗生素、防腐剂和类激素等，导致肉鸭产品中激素、抗生素、重金属等有害物质残留超标现象出现，这不仅严重危害人们的身体健康，而且也制约了肉鸭产品的出口。

9. 实施肉鸭健康养殖应具备哪些条件？

（1）场址合适 适宜的场址对于健康养殖和养殖健康十分重要。肉鸭场选址一定要符合卫生防疫要求，远离交通要道、村庄、学校、工业区和居民区，无污染，无辐射，远离噪声区。要求场内结构布局合理，建筑材料安全可靠。场区内空气清新、水源充足、水质必须符合健康养鸭生产要求，不含病原微生物、寄生虫卵、重金属、有机腐败产物。有与养殖规模相匹配的粪便、垃圾和污水处理设施。肉鸭场的环境应有利于防疫、防暑、防寒、防灾。

（2）环境舒适 环境不适能引起应激，导致机体代谢紊乱，引发各种疾病，给肉鸭造成严重危害。因此，肉鸭的生存环境要满足其基本的生理要求，如空间、温度、湿度、通风、光线等，尤其要注意排气、降尘、除噪。鸭舍内的有害气体很多，包括二氧化碳、氨气、二氧化硫、硫化氢等，必须通过通风及时排除，冬季要处理好通风与保暖的关系。噪声对鸭危害严重，影响育肥效果，要注意消除，饲料加工区应与养殖区保持一定距离。养殖场必须选择合适的圈舍和器具，给肉鸭提供舒适的生存环境。

（3）**鸭群健康**　鸭群健康是高效益和鸭产品质量安全的基础。进行肉鸭养殖要从有资质的种鸭场引种，以保证种群品质的优良和健壮，种鸭要从"非疫区"购进，引种购进种鸭前要与当地防疫部门取得联系，并由他们出具合法的健康检疫证明和运输消毒证明。鸭的运输方式、运输工具和运输路线也很重要，不能经过某些重大疫病流行区。购回后要按规定隔离观察，确定无重大动物疫病后方可饲养。有条件的可实行自繁自养、全进全出和封闭式饲养管理模式，平时要加强对肉鸭场各类鸭群的观察，注意鸭群的健康状况，发现病情及时采取有效措施，保持鸭群健康。

（4）**营养平衡**　实施标准化饲养、保证营养平衡是肉鸭健康的保障。肉鸭生长发育需要的营养成分比较复杂，不同的品种、不同的生长阶段有不同的饲养标准，日粮组成要多样化，能量、蛋白质、氨基酸、矿物质、维生素等营养要素的比例要合理。尤其要注意采用理想蛋白质模式，按可消化氨基酸需要量配合日粮，保证充分满足肉鸭对氨基酸、蛋白质的营养需要。

（5）**饲料安全**　饲料是影响健康养殖的重要环节，饲料安全是肉鸭产品安全的基础和保证。肉鸭健康养殖要求饲料品质优良，无污染、无霉变，饲料原料要经过适当加工，成品饲料的物理特性要符合肉鸭的采食习惯。全价饲料、浓缩料、预混料及自配料原料要从有资质的厂家购进。含有天然毒素的饲料原料，如菜籽饼、棉籽饼等，必须通过脱毒处理，并要控制用量。禁止使用生活泔水、生活垃圾喂鸭。

（6）**兽药安全**　兽药使用情况直接影响到肉鸭产品的质量安全。兽药的使用应符合健康食品生产的要求，严禁使用各种违禁药物和添加剂，禁止用人用药治疗肉鸭疾病，并严格执行休药期，防止药物残留对人体造成危害。应注意尽量不要在饲料中添加各种抗生素，治病过程中合理使用抗生素，防止破坏机体内的菌群平衡，引起内源性感染和培养耐药菌株，给鸭病的控制和人类的安全造成不利影响。

（7）**预防疾病**　传染病是健康养殖的头号敌人，对传染病应以免疫为主，配合严格的隔离消毒措施。肉鸭场必须制定科学合理的免疫程序，严格执行防疫制度，规范操作免疫注射。同时定期监测抗体水平，也是健康养殖的重要技术保障。预防普通病，重点在于加强饲养管理，密切关注气候变化，及时给予必要的防护措施，春秋防干燥、夏季防暑降温、冬季防寒保暖。预防寄生虫病关键在于保证饮水、饲料安全，定期预防驱虫。夏季气候炎热，蚊、蝇滋生，肉鸭场应做好清除害虫和饲料防霉工作，还要做好周边环境消毒等工作，消除危害肉鸭健康的各种致病因素。要先清扫再消毒，消灭消毒死角。要科学选择消毒药物，掌握消毒浓度和消毒次数，消毒药物应交替使用，以保证消毒效果。带鸭消毒时，必须选用对皮肤黏膜无腐蚀、无毒性的表面活性剂类消毒剂，如新洁尔灭、百毒杀、畜禽安等。

（8）**制度规范**　养鸭场必须建立规范的管理制度并认真付诸实施。要确立定期巡查制度，保证能按时观察肉鸭群的各项生活生产状况并及时反馈信息；要实施封闭管理制度，杜绝外来人员参观，禁止无关人员随便进出生产区；要建立兽药、饲料、防疫、消毒、生产档案制度，确保使用的兽药、饲料是从正规渠道购进的合格产品，并严格按规定使用，健全生产登记；饲养管理人员要落实健康检查制度，防止人畜共患病通过人体携带进场。同时，肉鸭场内禁止饲养其他动物，饲养管理及兽医人员要强化自我卫生观念和卫生措施，进入生产区要消毒，并穿戴防护服、鞋、帽，出场时要洗手、洗澡、消毒、更衣，时刻注意自我保护。养殖场要建立培训制度，对养鸭场的管理和技术人员，要根据生产环节及时进行全面培训，在掌握健康养殖知识的同时，重视各项措施的落实。对管理和技术人员实行目标管理考核制度，将工作绩效与报酬挂钩。

10. 肉鸭健康养殖对管理制度有哪些要求？

肉鸭健康养殖应建立相应的管理制度，各项管理制度应符合国家相关规定。

（1）引种 肉鸭生产所用的商品代雏鸭应来自具有《种畜禽生产许可证》的父母代种鸭场或专业孵化厂，需经产地动物防疫检疫机构的检疫。

（2）肉鸭场周边环境、肉鸭舍内空气质量应符合 NY/T 388标准。

（3）饮水水质应符合 NY 5027《畜禽饮用水水质标准》。

（4）肉鸭饲料卫生指标应达到 GB 13078《饲料卫生标准》的要求。

（5）防疫遵照 NY 5263 的规定执行。

（6）肉鸭饲料中使用药物性饲料添加剂应符合农业部《饲料药物添加剂使用规范》的规定。

（7）肉鸭在出栏前应停止使用一切药物及药物性饲料添加剂，休药期长短取决于所用药物品种。

（8）污水排放标准应达到 GB 18596 的要求。

11. 肉鸭健康养殖对饲养过程有哪些要求？

（1）**雏鸭选购** 购买雏鸭应到没有疫情且有《种畜禽经营许可证》的种鸭场购买，同时应详细了解产地的疫情和饲养管理情况，并对雏鸭实施检疫，经检疫合格者方可购买，运输到达本场后，应隔离饲养观察 2 周后才能混群饲养。雏鸭质量的优劣对雏鸭的成活率和生长发育有直接影响。

（2）**饲养管理** 控制好环境温度和饲养密度，适宜的饲养温度是提高育雏成活率和抗病力的重要条件。适时饮水和开食，一般先饮水后开食。保持鸭舍通风良好，肉鸭新陈代谢比较旺盛，鸭群密集，呼吸排出的二氧化碳和水分，以及粪便及潮湿垫料的发酵和腐败而产生的有害气体，可使鸭舍内空气受到污染。搞好环境卫生。

减少或避免应激，饲养员进出鸭舍要有次序，打扫卫生、清除粪便、加料等动作要轻。在饲料或饮水中添加抗生素，杀灭肉鸭体内已携带病原菌，预防疾病发生。加强日常管理，根据肉鸭的生理特点和生活习性，认真做好鸭群日常管理工作。建立养殖档案，鸭场都应有肉鸭养殖过程的记录。

（3）**营养调控**　严格控制饲料品质，饲料品质的好坏直接关系到肉鸭的生长速度及体质强弱。饲料加工的适宜程度对肉鸭的消化吸收影响很大。配制理想的蛋白质日粮，使日粮氨基酸达到平衡，可减少氮的排出量。使用绿色添加剂，在肉鸭的日粮中添加酶制剂、微生态制剂（又称活菌制剂），可改善饲料的利用率。

（4）**规范使用药物**　兽药是一种特殊商品，质量好坏凭感官是无法判断的，为保证兽药的质量，养殖业主应从取得兽药生产许可证的合法生产企业和有 GSP 认证且持有新版《兽药经营许可证》的经营企业采购通过农业部 GMP 认证的兽药。最好同时向销售人员或兽医专业技术人员咨询了解所购兽药的作用、特点、使用方法及注意事项等。在生产过程中，禁止使用国家规定的任何禁用药物；禁止滥用兽药；禁止将原料药添加到饲料及鸭群饮水中；禁止将人用药品用于鸭群；禁止将没有"兽药添字"产品批准文号的兽药预混剂违规添加在饲料中使用；做到规范和安全用药。临床用药须凭执业兽医开具处方进行施药，做到规范和安全用药，并做好用药记录。上市前 10 天禁止使用任何药物，一定要严格执行休药期，确保肉鸭产品的质量安全。

（5）**疫病预防**　要使肉鸭群免受传染病的危害，兽医要根据本场的实际情况制定疫病免疫程序，对肉鸭群进行适时接种，预防传染病的发生。同时还要实行全进全出的饲养方案。进入生产区的所有工作人员一律要经过严格消毒。鸭场大门口和主要路口要设置消毒池，鸭舍门口设脚踏消毒池，所有进出鸭场的车辆、人员、物品都应严格消毒。商品鸭出售，一旦出场绝不能返回，运鸭车辆不得进入生产区内。养鸭场易孳生蚊蝇等，要定时清除粪便、垫料和污水，消灭有害昆虫。病死鸭必须按照《病害动物和病害动物产品生物安全处理规程》（GB 16548—2006）规定做无害化处理，以防止污染环境或造成疫病传播。排泄物以及被污染或可能被污染的饲料、垫料等必须按国家规定的标准做无害化处理。被病鸭污染过的圈舍、用具、设备、场地等须做彻底消毒。

二、鸭场设计与建造

（一）场址选择与鸭场设计

12. 如何选择鸭场场址？

首先必须满足在城市建设、工业建设及其他建设的规划区外的大前提下，按照肉鸭养殖的相关技术要求进行肉鸭场建设的选址，选址应满足以下条件。

（1）地势、地形　肉鸭场应选在地势高燥、背风向阳、地下水位低、周围无高大遮阳物、附近无污染水源的河边、水库、塘坝等地势开阔平坦、排水性好、利于防疫隔离的地方建造。地形要稍高一些，略向水面倾斜，有 $5°\sim10°$ 的坡度为宜，以免积水。

（2）地质、土壤　应避开断层、滑坡、塌陷和地下泥沼地段。要求土质质地疏松，透气透水性强，排水良好，能经常保持地面干燥，以沙质土壤最为理想。

（3）气候、环境　所在地应有较详细的气象资料。空气清新，环境无污染，远离屠宰场、化工厂等。

（4）水源、水质　要求水源充足，水质良好。鸭舍应建在河流、湖泊、水池或水溪附近，以流动水源最为理想，水深2米，水中最好有水草，水质洁净，大肠杆菌数不得超过 5000 个/100 毫升，无工业废水或污染病菌、病毒及寄生虫等。

（5）交通　肉鸭场场址应选择在交通方便、略显僻静的地带，便于大量饲料、垫料与产品的进出。

（6）**电源**　不仅要保证满足最大电力需要量，还要求常年正常供电，接用方便、经济。最好是有双路供电条件或自备发电机。

（7）**卫生防疫要求**　肉鸭场应建在距居民区 500 米之外，处于居民区的下风向，地势低于居民区，并且远离居民点的排污口，尤其是要远离学校、医院、铁路、干线公路及闹市区等 1000 米以上，以避免噪声、灯光与其他应激因素，从而有利于肉鸭的正常生产与卫生防疫。并且肉鸭场周围 3000 米内无大型化工厂、矿厂，1000 米以内无屠宰场、肉品加工厂，或其他畜牧场等污染源。肉鸭场内兽医室、病畜隔离室、贮粪池等应位于肉鸭舍的下坡下风向，以避免场内疾病传播。肉鸭场周围有围墙或防疫沟，并设立绿化隔离带。肉鸭场不允许建在饮用水源、食品厂上游。

13. 鸭场为什么要进行科学分区？

科学分区有利于肉鸭场形成较好的小气候，有利于鸭舍内空气环境控制；便于严格执行各项卫生防疫制度和措施；便于合理组织生产，提高设备利用率和工作人员的劳动生产率。

14. 鸭场如何分区？ 以及如何进行肉鸭场的合理规划？

一个鸭场主要分为三个区域，即行政区、生产区和生活区。行政区包括办公室、供电室、锅炉房、水塔、车库等；生产区包括消毒、洗澡、更衣室，饲养员休息室，鸭舍（育雏室、育成舍、产蛋鸭舍、种鸭舍）、蛋库、兽医室、厕所等；生活区包括职工宿舍、食堂等。

区域布局应掌握的原则介绍如下：

（1）**利于生产肉鸭场的总体布置**　满足生产工艺流程要求，按照生产过程的顺序性和连续性进行布局，从而有利于生产，便于科学管理，提高生产效率。

（2）**利于防疫集约化**　大规模的肉鸭场饲养密度大，鸭病容易爆发和流行，因此卫生防疫工作至关重要。要在整体布局上着重考虑肉鸭场的性质、肉鸭的抵抗力、地形条件、主导风向等，合理设置防疫距离。同时还应采取一套切实可行的防疫措施。

（3）利于运输、节约基建投资费用 集约化养鸭场生产、生活及产品的运输任务非常繁忙，因此在肉鸭场内的建筑物和道路要考虑到生产工艺过程和外部联系的畅通，尽可能使运输路线短，禁止道路迂回、重复。各建筑物之间的距离要尽量缩短，建筑物的排列要紧凑，以缩短建筑道路、管线的距离，节省建筑材料，减少建筑投资。

（4）利于生活管理、提高工作效率 规模化肉鸭场要在总体布局上使生产区和生活区既分离又联系，使生活区不受鸭场的空气污染和噪声干扰，为职工创造一个舒适的生活环境，同时又方便生活管理，提高工作效率。在进行肉鸭场各建筑物的布局时，需将各种鸭舍排列整齐，使饲料、粪便、产品、供水及其他运输呈直线往返，减少转弯拐角。

根据以上原则就地势高低和主导风向，将各种房舍依防疫需要的要以风向为主，地势服从风向，同时增加设施解决地势原因形成的矛盾，如挖沟、设置障碍等（图 2-1）。

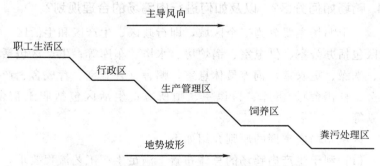

图 2-1　肉鸭场分区地势、风向趋势示意图

具体规划时，按主导风向考虑，行政区应设在与生产区风向平行的一侧，生活区设在行政区之后。按河道的上下流考虑，育雏舍、育成舍在上流，蛋鸭舍在其后，种鸭舍与上述鸭舍应有 300 米以上的距离，行政区与生活区应远离放鸭的河道，保证生活污水不

排入河道中。或者是在生产区内部，育雏舍安置在上风头，种鸭舍与育雏舍并排，安排在下风头。兽医室安排在肉鸭场的下风头，粪道设在下风处。从便于作业考虑，饲料仓库应设在行政区和生产区之间，尽可能接近耗料最多的鸭舍。从防疫角度考虑，场内道路应分清洁道和非清洁道，两者互不交叉，清洁道用于运输活鸭、饲料、产品，非清洁道用于运输粪便、死鸭等污物。也即场区道路分雏鸭饲喂、饲料运送等正常工作的清洁道和处理鸭粪和鸭群出栏等的污道，两条道路不能交叉。

三大区之间应有围墙隔开，并设有绿化地带，尤其生产区要有围墙，进入生产区内必须换衣、换鞋、消毒。生活区与生产区之间应保持一定的距离。

15. 肉鸭舍建造过程中要注意哪些问题？

肉鸭场的鸭舍由育雏鸭舍、生长育肥鸭舍、种鸭舍等组成。应依据地形、地貌和主风向选择朝向，一般选择南北向；鸭舍之间的距离应在1.5倍鸭舍宽度以上，最好用绿化带隔开；建筑材料应该是无害、易于清洗和消毒的材料；电器安装和使用应注意防潮防爆；屋顶、外墙应保温隔热性能良好，尤其是育雏鸭舍；鸭舍内保证适宜光照，可采用自然光和灯光照明；保证有一定数量和大小的窗户，保证采光和通风换气，必要时可安装排气扇。墙壁和地面应平整、坚硬、不透水，易于清扫、消毒，最好采用水泥地面，同时应设置排水沟，以防室内潮湿，条件允许前提下应设清粪设施；窗和下水道口要装铁丝网，以防鼠害和猫等动物进入。但商品肉鸭舍或农家养肉鸭如条件限制，也可不铺水泥地，而用垫料，尤其是北方养鸭区，气候比较干燥，鸭舍需要保温，更适于在舍内采用垫料饲养。

运动场地面最好制成水泥地面，有利于粪便的清理和地面消毒。但要求地表面一定要平整，禁止表面露出锋利的石子，同时运动场向外倾斜，以利排除舍内水分。

16. 鸭舍的建筑要达到哪些指标?

（1）肉鸭舍的走向 以坐北朝南为宜，具体朝向以利于通风又能避暑为主。

（2）肉鸭舍长度、高度和跨度 肉鸭舍长度根据地势确定，双坡式肉鸭舍屋顶高 4.2 米，屋檐高 3 米，两边为网床，网床宽 6.8 米，中间设走道，走道宽 1.2 米。鸭舍栋与栋之间距离为 8～10 米。

（3）墙体的处理 内外墙用水泥沙浆抹平，墙高 3 米，在两侧墙体（离地 1.2 米）上各安装四面窗户，便于采光，窗户规格为 1.5 米×1.5 米。

（4）肉鸭舍地面的处理 肉鸭舍地面高出舍外 15 厘米以上，先铺一层地膜，再用水泥砂浆抹面，地面沿蓄粪池方向成 1% 的坡度，便于清洗。

（5）屋顶的处理 肉鸭舍屋顶采用人字形钢架结构作为屋梁，铺盖蓝色夹心彩钢，泡沫厚度为 3 厘米以上，有利炎热的夏季防暑降温和冬季保暖。

（6）门、窗的处理 肉鸭舍门可分为双扇门和简易木门，双扇门高 2.1 米、宽 1.6 米，简易木门高 2.1 米、宽 0.9 米。

（7）排水沟及污水沟处理 肉鸭舍左右屋檐滴水处建排水沟，最浅沟深 20 厘米、沟宽 30 厘米，坡度 0.5%，用水泥沙浆抹面；左右墙角建排污沟，最浅沟深 15 厘米、沟宽 50 厘米，坡度 1%，用水泥沙浆抹面，沟面用水泥板覆盖。

17. 雏鸭、肉仔鸭、种鸭对鸭舍的要求有何不同?

雏鸭舍要求保温性能好，一般屋顶要有隔热层，墙壁要厚实，寒冷地区北窗要用双层玻璃窗，室内要安装加温设备，并有稳定的电源；采光要充分，通风良好，鸭舍地面面积与南窗面积的比例为 8∶1 左右，北窗为南窗的 1/2，南窗离地面高 66～70 厘米，并设气窗，便于调节室内空气，克服通风和保温的矛盾，北窗离地面高

1 米左右；地面要坚实、干燥，既防鼠害，又利排水，地面铺水泥或三合土，还要向一边或中间倾斜，以利排水，窗上要装铁丝网，以防鼠害。舍内可分为多个小间，每间的面积为 20 平方米，可容纳 20 日龄以内的肉雏鸭 200 只。

肉仔鸭舍的建筑结构与育雏鸭舍类似，总体要求低于育雏鸭舍，但应保证良好的通风换气，舍内应保证有良好的排水清粪设施。

肉种鸭舍同雏鸭舍一样，保温性能要求较高，房顶要有天花板或加隔热装置，北墙不能漏风，屋檐高 2.6～2.8 米，窗与地面面积的比例为 1：8，南窗的面积可比北窗大 1 倍，南窗离地高 60～70 厘米，北窗离地高 1～1.2 米，并设气窗。为使夏季通风良好，北边可开设地脚窗，但不用玻璃，只在窗上安装铁条或铁丝网，以防兽害，寒冷季节用油布或塑料布封住。种鸭舍南边靠墙一侧地势略高。种鸭舍必须具备足够面积的鸭滩和水围，供肉种鸭活动、洗浴、交配之用，如没有可建造洗浴池。洗浴池一般宽 2.5～3 米、深 0.5～0.8 米，用石块砌壁、水泥挂面，不能漏水。洗浴池挖在运动场的最低处，利于排水。洗浴池和下水道连接处，要修一个沉淀井。在水围或洗浴池之间要留出充足的运动场，运动场上方要设置遮阳网。

18. 肉种鸭运动场及洗浴池如何设计？

陆上运动场是鸭子吃食、梳理羽毛和昼间小憩的场所，其面积应大于鸭舍面积。由于鸭脚短，不平的地面常使其跌倒碰伤，不利于鸭群活动。要求地面平整，略向水面倾斜，不允许坑坑洼洼，以免蓄积污水。肉种鸭舍陆上运动场的宽度为种鸭舍跨度的 1.5 倍以上最好。如果运动场的面积过小，不利于肉种鸭运动，地面污染也会比较严重。在运动场和水面连接的倾斜处，要用水泥沙石砌好，以防水浪冲击后，泥土塌陷，斜坡要倾斜 25°～30°。

水上运动场是鸭子玩耍嬉戏、繁殖交尾、捕食鱼虾的场所。通常水上运动场的面积应大于陆上运动场，一般每 100 只肉种鸭需要的水上运动场面积为 10～40 平方米，有条件的地方要尽可能大一些。

如没有水上运动场可设计洗浴池代替，洗浴池一般设计为方形或长方形，也有的设计为纵向洗浴水沟，洗浴池的深度为 40 厘米。在设计洗浴池或洗浴水沟时，注意排水管道要低于洗浴池地面，以有利于排水。

19. 孵化室结构有何要求？

孵化用房一般包括种蛋保存室、种蛋处理室、孵化室、出雏室、雌雄鉴别室、储藏工具室以及管理用房。孵化场的布局原则是种蛋进入孵化场到雏鸭发送的生产流程，由一室到另一室循环运行，功能区之间不交叉重复。各室的面积根据孵化量和所用设备条件来决定，要充分考虑便于孵化机或出雏机开门、维修等工作。

孵化室建造一般采用砖混结构，四周用水泥墙。楼板平顶，应设隔热层，如采用人字顶结构的要增设天花板，孵化室前、后墙应有窗，这样室内既能通风又可保温，冬暖夏凉。地面铺水泥，且有排水出口通室外，以利冲洗消毒。

20. 如何估算饲养密度和建筑面积？

肉鸭的饲养密度可根据肉鸭的品种、生长阶段、饲养方式等进行估算，具体见表 2-1。

表 2-1　肉鸭饲养密度　　　　　单位：只/平方米

周龄	地面平养	网上饲养
1	20～30	30～50
2	10～15	15～25
3	7～10	10～15
育成期	5～6	6～8
种鸭	2～3	4～5

确定肉鸭的饲养密度除了要考虑上述主要因素外，还要根据饲养场地的情况和饲养季节等进行调整，一般单位面积内，冬天可适当多养些（提高密度），夏天少养些；大面积的鸭舍，饲养密度适当大些，小面积的鸭舍，要适当少养；运动场大的鸭舍，饲养密度可适当大些，运动场小的鸭舍，饲养密度要适当小些。

在建造肉鸭舍前要估算鸭舍的面积，可根据饲养量和饲养密度进行反推，建造肉鸭舍计算建筑面积时，要留有余地，适当放宽计划。

21. 肉鸭健康养殖对绿化有哪些要求？

在进行肉鸭场规划时，必须规划出绿化用地，其中包括防风林、隔离林、行道绿化林、遮阳绿化、绿地等。

（1）防风林、隔离林 防风林应设在冬季主风向的上风向，沿围墙内外设置，最好选落叶树和常绿树搭配、高矮树种搭配，植树密度可适当增大些，常植树3～5行。隔离林设在各场区之间及围墙内外，最好选树干高、树冠大的乔木，常植树1～3行，如槐树、北京杨等。

（2）行道绿化林 是道路两旁和排水沟边的绿化，起到路面遮阳和排水沟护坡的作用；靠路面可种植冬青等作绿篱，外侧种树冠整齐的乔木。

（3）遮阳绿化 遮阳绿化一般设于肉鸭舍南侧、西侧，或设于运动场周围或中央，起到为肉鸭舍墙面、屋顶、门窗遮阳的作用，最好选树干高、树冠大的乔木，常植树1行。

（4）绿地 绿地是场内裸露地面的绿化，可植树、种花、种草，也可种植苜蓿、三叶草、黑麦草、果树等具有饲用价值或经济价值的植物。

22. 肉鸭健康养殖对环境质量有哪些要求？

肉鸭舍的场地环境主要包括空气环境质量、舍区生态环境质量以及饮用水质量等。

（1）空气环境质量要求 肉鸭场空气环境质量要求见表2-2。

表2-2　肉鸭场空气环境质量要求

序号	项目	单位	缓冲区	场区	舍区	
					雏鸭	成鸭
1	氨气	毫克/立方米	2	5	10	15
2	硫化氢	毫克/立方米	1	2	2	10
3	二氧化碳	毫克/立方米	380	750	1500	
4	可吸入性颗粒物	毫克/立方米	0.5	1	4	
5	总悬浮颗粒物	毫克/立方米	1	2	8	
6	恶臭	稀释倍数	40	50	70	

注：表中数据皆为日均值。舍区：肉鸭所处的半封闭的生活区域，即肉鸭直接的生活环境区；场区：规模化肉鸭场围栏或院墙以内、舍区以外的区域；缓冲区：在肉鸭场外周围，沿场院向外500米范围内的保护区，该区具有保护肉鸭免受外界污染的功能。

（2）舍区生态环境质量要求 肉鸭场舍区生态环境质量要求见表2-3。

表2-3　舍区生态环境质量要求

序号	项目	单位	肉鸭	
			雏鸭	成鸭
1	温度	℃	21～27	10～24
2	湿度（相对）	%	75	
3	风速	米/秒	0.5	0.8
4	照度	勒克斯	50	30
5	细菌	个/立方米	25000	
6	噪声	分贝	60	80
7	粪便含水率	%	65～75	
8	粪便清理		干法	

（3）饮用水质量要求 肉鸭场饮用水质量要求见表2-4。

表 2-4　肉鸭场饮用水质量要求

序号	项目	单位	自备井	地面水	自来水
1	大肠菌群	个/升	3	3	
2	细菌总数	个/升	100	200	
3	pH	—	5.5～8.5		
4	总硬度	毫克/升	600		
5	溶解性总固体	毫克/升	2000		
6	铅	毫克/升	N 类地下水标准		
7	铬（六价）	毫克/升	N 类地下水标准		

23. 肉鸭健康养殖对土壤质量有哪些要求？

肉鸭场场地土壤最好是未曾被传染病或寄生虫病原体污染过，且透气性、渗水性良好，能保证场地干燥的沙土或壤土质。同时参照土壤环境质量，参照农业部制定的食品标准、蔬菜产地环境条件中土壤环境质量指标执行，如表 2-5 所示。

表 2-5　土壤环境质量指标　　　单位：毫克/千克

项目	含量限值		
	pH＜6.5	pH＝6.5～7.5	pH＞7.5
镉	≤0.3	≤0.3	≤0.6
汞	≤0.3	≤0.5	≤1
砷	≤40	≤30	≤25
铅	≤250	≤300	≤350
铬	≤150	≤200	≤250
铜	≤50	≤100	≤100

24. 肉鸭健康养殖对饲养人员有哪些要求？

进行肉鸭养殖必须由系统学习过养鸭知识、具有高度责任感的技术人员全面指导全场的技术工作。

（1）技术人员的基本要求　能够按照饲养阶段和不同季度的要求合理制订饲养方案；能够通过每天观察肉鸭群的精神状态、粪便情况、食料情况、饮水量、死亡情况，独立判断肉鸭群的健康与否，为进一步采取合理措施提供依据；具有对一般常见鸭病进行诊断、防治的能力；能够制订和执行防疫程序，做好各项消毒工作，做好疫苗的免疫预防注射，防止传染病的发生；能够制订和推行本场的其他饲养管理规程和生产计划；有对肉鸭的选种、育种、淘汰、合理分群等的基本知识和操作能力。

（2）饲养员的基本要求　饲养员除协助技术员做好上述工作外，还必须做到：按技术员的安排在不同饲养阶段和季度饲喂不同的饲料，能掌握正确的喂料量；勤换垫料，勤洗水槽，保证鸭子每天有充足的饮水；按规定认真填好有关表格，记录每天的死亡鸭数、转入转出数、耗料量、温湿度、防疫情况、用药情况、意外事故及处理结果等；发现死鸭应立即取出，统一处理，病鸭、伤残鸭及时捉出隔离或交给兽医人员治疗；协助技术人员做好群体的分群、选种等管理工作；做好雨季防湿、冬季防寒、夏季防暑工作；每天能按规定和要求做好开灯、关灯工作；搞好卫生工作，保持鸭舍内外清洁、干爽，保持空气流通；舍内工具、杂物等的放置要有条不紊；饲料堆放要防潮、防晒、防霉、防鼠，早进仓的饲料要先喂。

（二）鸭场建造

25. 简易鸭棚如何建造？

简易鸭棚骨架多用竹木构建，一般高约 2 米、底宽 2～3 米，以便于人的操作为宜，鸭舍长度根据饲养肉鸭数量而定。棚顶采用芦席铺盖而成，其上再覆以油毛毡或塑料薄膜以防雨雪，北方地区可在上面盖以稻草等覆盖物，以便夏季防暑和冬季保温。夏季将四周撑起敞开，形成"凉亭"，四周用竹栅或网围起，棚内除养鸭外，还可供饲养人员食宿、堆放饲料及存放鸭蛋。这种鸭棚也可根据放牧鸭群的需要而挪动地方，主要用于仔鸭和后备种鸭及放牧种鸭的饲养。

26. 固定肉鸭舍如何建造？

固定肉鸭舍按用途分为育雏鸭舍、育成鸭舍、填鸭舍和肉种鸭舍；按建筑式样分为单列式、双列式、密闭式、开放式、半开放式、平养鸭舍、网上饲养鸭舍、半网上饲养鸭舍等。

（1）育雏鸭舍

① 平养育雏舍　雏鸭直接养在地面上，舍内隔成若干小区，一般在南墙设有供温设施，北墙设置宽1米左右的工作道，工作道与雏鸭区用围篱隔开。靠走道一侧有一条排水沟，沟上盖铁丝网，网上放饮水器，使雏鸭饮水时溅出的水通过铁丝网漏到沟中，再排出舍外，以保持育雏舍的干燥（见图2-2）。

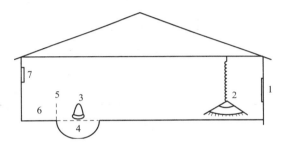

图 2-2　平养育雏鸭舍内部结构示意图

1—南窗；2—保温伞；3—饮水器；4—排水沟；5—栅栏；6—走道；7—北窗

② 网养育雏舍　以平地或凹坑的房舍为基础，舍内建造架空的金属网或漏缝的竹条或木板作为鸭床，网眼或板条缝隙的宽度在13毫米左右。地面必须是水泥地面，有一定坡度，排水良好，便于清洗。网养育雏舍又分高床和低床两种。高床的网底离地1.8米，清粪操作较方便，低床网底离地0.7米左右，见图2-3。

（2）育成鸭舍　主要用于肉种鸭的饲养。肉种鸭育成阶段生长快、生活力强，对温度的要求不像雏鸭那样严格，所以，育成鸭舍的建筑比较简单，只要能遮挡风雨、室内干燥、夏季通风良好、冬季可以保温的简易建筑，均可用来饲养育成鸭。一般育成鸭舍的地面都是泥地，不浇水泥，但要有一定的倾斜，在较低的一边做一条排水沟，沟上铺铁丝网或木条，上置饮水器，使饮水时溅出的水和舍内渗出的水，都能流到沟中，排出室外，以保持舍内干燥。走道

图 2-3 双列式网上育雏舍

在中间的双列式鸭舍，其排水沟设置见图 2-4。

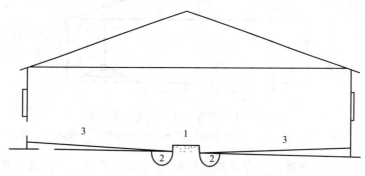

图 2-4 双列式育成鸭舍结构示意图

1—走道；2—排水沟；3—鸭床

(3) 种鸭舍 有单列式和双列式两种，双列式鸭舍必须具备两边都有水浴的条件。种鸭舍的防寒隔热性能要优良，房顶要有天花板或加隔热装置，北墙不能漏风，屋檐高 2.6～2.8 米，窗与地面面积的比例为 1：8，南窗的面积可比北窗大 1 倍，南窗离地高60～70 厘米，北窗离地高 1～1.2 米，并设气窗。为使夏季通风良好，北边可开设地脚窗，但不用玻璃，装铁条或铁丝网以防兽害，寒冷季节用油布或塑料布封住，以防漏风。

种鸭舍除设置排水沟外（要求与雏鸭舍相同），还要有供种鸭晚间产蛋的处所。单列式种鸭舍（见图 2-5、图 2-6）走道在北边。

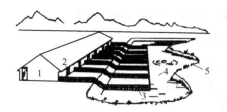

图 2-5　单列式种鸭舍外景示意图

1—鸭舍；2—走道的门；3—通向运动场的门；4—鸭滩；5—水围

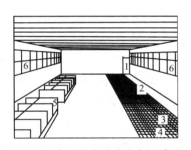

图 2-6　单列式种鸭舍内部示意图

1—门；2—走道；3—排水沟上的铁丝网；4—饮水器；5—产蛋箱；6—窗

排水沟紧靠走道旁，上盖铁丝网或木条，饮水器放在铁丝网上，南边靠墙的一侧，地势略高，可放置产蛋箱。

27. 固定鸭舍有哪些优点？

（1）有利于提高饲养密度。

（2）利于进行饲养管理。由于操作方便，每个饲养员可以饲养更多的肉鸭，比散养方式增加更多的饲养数量，提高工作效率。

（3）提高商品肉鸭的生长速度。可以控制商品肉鸭的生长状态，降低饲料消耗，提高生产效率，增加饲养效益。

（4）利于对整个生长过程的记录与观察。对各个阶段肉鸭进行精心观察和记录，及时掌握各个阶段肉鸭的生产情况，发现问题，立即采取措施，保障整个生产过程的持续快速发展。

（5）减少传染病的发生和传播。

28. 肉鸭健康养殖需要哪些设施设备？

养殖设施是开展肉鸭养殖的重要物质基础，养殖设施的结构和设计，在很大程度上影响肉鸭养殖效果和环境生态效益。设施设备既要满足生产需求，也要达到防疫要求，符合健康养殖建设标准。因此对饲养设备、饮水设备、通风设备、清粪设备、环境控制设备等基础设施高标准要求，保障养殖肉鸭的健康，生产出健康的优质产品。

（1）**通风设备** 通风设备最常选用的是风机，要求其具有风量大、噪声小、节能、运转平稳、百叶窗自动启闭、维修方便等特点。风机主要用于将舍内污浊的空气排出、将舍外清新的空气送入鸭舍内或用于舍内空气流动，肉鸭舍内纵向和横向通风均能适用。

（2）**降温设备** 降温设备最常选用的是湿帘降温系统，湿帘降温系统主要由湿帘与风机配套构成。通过供水系统将水送到湿帘顶部，从而将湿帘表面湿润，当空气通过潮湿的湿帘时，水与空气充分接触，使空气的温度降低，达到降温的目的（图 2-7）。选用时要求湿帘的介质便于清洗、抗鼠、使用寿命长。

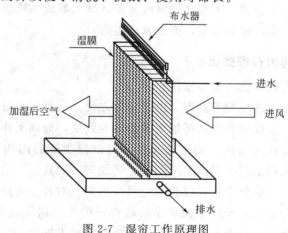

图 2-7 湿帘工作原理图

此外，降温设备还可选用喷雾降温系统，系统由连接在管道上的各种型号的雾化喷头、压力泵组成，该系统有夏季降温、喷雾除尘、连续加湿、环境消毒、清新空气的作用。选用时要求设备便于清洗维护，特别是喷头不易堵塞，便于清洗。如图 2-8 所示。

图 2-8　喷雾机

（3）**光照控制设备**　光照程序控制器采用微电脑芯片设计，照明亮度无级变化，具有自动测光控制功能。自动光照-通风两用控制器既能自动控制光照系统，又能接上湿帘、风机、暖风炉等设备进行全自动控制。

（4）**清粪、清洗、消毒设备**　清粪设备最常见的为刮粪系统，一般要求其使用安全、耐腐蚀、噪声小、便于操作维护。

清洗设备主要是高压冲洗机械，带有雾化喷头的可兼当消毒设备用。消毒设备有人工手动的背负式喷雾器和机械动力式喷雾器两种。清洗、消毒设备一般要求便于移动，机器内部管路容易清洗和更换。

（5）**环境监测控制系统**　环境监测控制系统可用于对肉鸭舍的加热、降温、进风、光照等环境因素进行有效监测和自动控制，使肉鸭舍内的温度、湿度、空气质量、光照等保持在要求的范围内并且便于操作。

29. 肉鸭健康养殖要准备哪些孵化设备？

（1）孵化机 用于种蛋的孵化，可分为：巷道式孵化机（见图2-9）、箱式孵化机（见图2-10）。

图2-9　巷道式孵化机

图2-10　箱式孵化机

（2）出雏机 供胚胎孵化后期出壳用，见图2-11。

（3）照蛋器 用于鸭胚发育情况的检查，图2-12为手提式照蛋器，图2-13为台式照蛋器。

（4）空调 用于调节种蛋贮存的温度。

（5）高压清洗机 用于孵化结束后对箱体和地面进行清洗，见图2-14。

图 2-11 出雏机

图 2-12 手提式照蛋器

图 2-13 台式照蛋器

图 2-14 高压清洗机

30. 肉鸭健康养殖要准备哪些育雏设备？

（1）红外灯泡（见图 2-15）、取暖器（见图 2-16）、保温伞（见图 2-17）。

图 2-15　红外灯泡

图 2-16　取暖器

（2）连续注射器，见图 2-18。

图 2-17　育雏保温伞

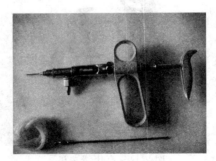

图 2-18　连续注射器

31. 肉鸭健康养殖要准备哪些饲养设备？

（1）**饲喂设备**　如自动化的料线和水线（见图 2-19）、料桶、水桶或自动饮水器，图 2-20 为鸭用乳头式饮水器。

图 2-19　自动化料线和水线

图 2-20　乳头饮水器

（2）消毒设备　如车辆消毒设备（见图 2-21）、人员消毒设备（见图 2-22）和鸭舍消毒设备（见图 2-23）等。

图 2-21　车辆消毒通道

（3）饲料加工设备　如饲料粉碎机、饲料混合机（见图2-24）等。

（4）环境控制设备　如湿帘、风扇、热风炉、温湿度计等。

图 2-22　人员消毒通道

图 2-23　移动式喷雾消毒机

图 2-24　卧式混合机

(5) 其他设备　如称重设备（台秤）、运输设备（运料车、运粪车）等。

32. 喂料器和饮水器应怎样使用？

喂鸭的工具式样很多，饲喂雏鸭可用塑料布或开食盆（见图2-25），饲喂较大的青年鸭和肉种鸭，可用料桶（见图2-26）、食盆（见图2-27）或料槽（见图2-28）。料桶多用于饲养育成鸭，分料盘和储料桶两部分，一般料桶高40厘米、直径30厘米，料盘底部直径40厘米、边高3厘米，存放的饲料可以一边采食一边自动下料。食盆便于清洗、盛料多，1000只成年肉鸭需15～20只食盆。料槽或喂料箱常用于饲养肉种鸭，一般用木板或铁皮制成，长1.5～2米，像一间小屋，上有盖，下有槽，四周有壁。这种喂料箱节省人工，鸭子采食均匀，尤其适合于喂颗粒饲料。如喂食粉料，鸭子在采食时甩出的料多，浪费大，可在料桶或料盆下加垫竹圃（或塑料布）以节约饲料。

图 2-25 开食盆

图 2-26 料桶

图 2-27 食盆

图 2-28 料槽

饲养肉鸭用的饮水器式样很多，最常见的是塔式真空饮水器

（图 2-29）或普拉松自动饮水器（见图 2-30），一般为塑料材质制成。成年鸭的饮水器，可以用无毒的塑料盆或陶钵，也可以用小水缸（斜放）。但必须注意，用口径较大的盆式饮水器时，必须在盆上方加盖或罩子（用竹条或粗铁丝制成，以防鸭子在饮水时窜入盆中洗澡，污染饮用水）。

图 2-29　真空饮水器　　　　图 2-30　普拉松自动饮水器

33. 填饲机有哪些?

生产中为加速肉鸭增重，促进其脂肪积累，往往都要经过填饲才能达到理想效果，在鸭肥肝的生产中也需要强制填饲 2～3 周。以前也有用手工填饲的方法，在现代肉鸭生产中都采用填饲机进行填饲。常用的填饲机有手动填饲机和电动填饲机两类。

（1）手动填饲机　在小型的肉鸭场和缺电的地方可使用手动填饲机，该机结构较为简单，操作方便，可用三角铁焊成整个大结构，再用铝板或木板等制成料箱，连接到唧筒上，唧筒底部装有套上橡皮管的填饲嘴，填饲嘴的内径为 1.5～2 厘米、长为 10～13 厘米，用手压填食把通过唧筒和填饲嘴将饲料填入鸭食道内。

（2）电动填饲机　电动填饲机（图 2-31）使用方便、填饲效率高，根据所填用的饲料不同，也分为螺旋推进式填饲机和压力泵式填饲机。生产鸭肥肝时，多用经浸泡的整粒玉米填饲，一般采用螺旋式填饲机，使用时将饲料置于呈漏斗状的料斗内，料斗的下方

图 2-31　电动填饲机

有一根填饲嘴，从料斗直到填饲嘴中有一条用电动机带动的螺旋形弹簧，随着电动机的转动，螺旋推进器的转动将玉米从填饲管推出后进入肉鸭的食道内。在以促进肉鸭的增重、促进脂肪积累为目的的填饲中，多采用压力泵式填饲机，使用时粉状饲料调制成糊状，电动机的转动带动与其连着的曲柄，曲柄带动唧筒上的活塞上下移动完成饲料的填饲。

34. 肉鸭健康养殖要准备哪些粪污处理设施？

（1）牵引式刮板清粪机　见图 2-32，一般由牵引机、刮粪板、框架、钢丝绳、转向滑轮、钢丝绳转动器等组成。牵引机通过绳索牵引刮粪板，将粪便集中，刮粪板在清粪时自动落下，返回时，刮粪板自动抬起。可用于同一个平面一条或多条粪沟的清粪，一粪沟

图 2-32　牵引式刮板清粪机

与相邻粪沟内的刮粪板由钢丝绳相连，可在一个回路中运转，一个刮粪板正向运行，另一个则逆向运行。钢丝绳牵引的刮粪机结构比较简单，维修方便，但钢丝绳易被粪腐蚀而断裂。

（2）鸭粪便固液分离机　采用螺旋挤压工作原理使固体禽畜粪便分离，用于制造有机肥或燃料、饲料，而液体可输送沼气池或蔬菜种植区，示意图见图2-33。

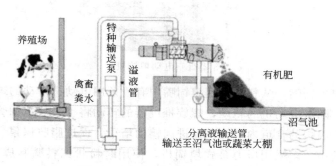

图 2-33　畜禽粪污处理设备示意图

35. 肉鸭健康养殖要准备哪些运输工具？

（1）雏鸭周转箱　见图2-34、图2-35。

图 2-34　塑料雏鸭周转箱

图 2-35　纸质雏鸭周转箱

（2）成鸭周转筐　见图2-36。

（3）料车　可使用三轮车，见图2-37。

（4）粪车　可采用手推车，见图2-38。

图 2-36　成鸭周转筐

图 2-37　电动三轮车

图 2-38　双轮手推车

三、肉鸭的营养与饲料配制

（一）肉鸭的营养需要特点

36. 肉鸭的消化系统及其消化特点有哪些？

肉鸭消化系统由消化道和消化腺两部分组成。消化道是一条从口腔、咽、食道、胃、小肠、大肠直到肛门的肌性管道，消化器官包括喙、口腔、舌、咽、食道、食道膨大部、腺胃、肌胃（砂囊）、十二指肠、空肠、回肠、盲肠、直肠及肛门。消化腺包括大消化腺（唾液腺、肝脏和胰腺）和分布在消化道各部管壁内的小消化腺，它们均借助导管，将分泌物排入消化道内。

（1）**喙** 肉鸭靠喙采食饲料，喙长而扁，末端呈圆形，上下喙的边缘呈锯齿状横褶。在水中采食时，可通过横褶快速将水滤出并将食物阻留在口腔中。在横褶的蜡膜以及舌的边缘上，分布着丰富的触觉感受器。

（2）**口腔** 肉鸭口腔内无牙齿，舌位于口腔底部，舌黏膜上典型的味蕾细胞较少，口腔的顶壁为硬腭，无软腭，口腔向后与咽的顶壁相连，两者合称为口咽腔。肉鸭唾液腺不发达，分泌唾液的能力较差，唾液可以湿润食物，便于吞咽。肉鸭的采食方式为吞食，在采食过程中没有咀嚼，所以鸭采食时常常需饮水，以湿润食物，帮助吞咽。

（3）**食道及食道膨大部** 食道是一条从咽到胃的细长而富有弹性的管道，食道壁由外膜、肌膜和黏膜构成，食道腺位于黏膜下，可以分泌黏液。食道下端为膨大部，呈纺锤形，可贮存大量纤维性饲料，因而具有很强的耐粗饲和觅食能力，食道下端膨大部不仅可贮存食物，并将其润滑而软化。食物在膨大部一般停留3～4小时后，由食道有节律地把饲料推送到胃中。即肉鸭吞咽食物时抬头伸颈，借助重力、食道壁肌肉的收缩力以及食道内的负压，将食物和水咽下，到达食道膨大部并停留，再逐渐向后流入胃内。

(4) 腺胃及肌胃　肉鸭的胃分为腺胃和肌胃（砂囊）。腺胃呈纺锤形，壁薄，腺胃黏膜表面乳头上分布着发达的腺体，能分泌盐酸、黏蛋白及蛋白酶等，可将食物进行初步消化。肌胃与腺胃相通，肌胃的肌肉壁很厚、收缩力强；肌胃内角质膜坚硬，可抵抗蛋白酶、稀酸及稀碱的作用，肌胃内的沙砾有助于食物的磨碎，提高食物的消化率。经胃消化后的食物借助肌胃的收缩力，经幽门进入小肠。

(5) 小肠　鸭的消化吸收主要在小肠内进行，小肠与肌胃相连接，是蛋白质、碳水化合物、脂肪、维生素以及微量元素消化和吸收的主要场所。小肠包括十二指肠、空肠和回肠。十二指肠终端有胰管和胆管的开口；空肠有很多弯曲，壁较厚且富含血管；回肠是小肠的最后一部分，上接空肠，下连直肠。小肠内壁黏膜有许多小肠腺，能分泌许多消化酶，对食物进行全面消化。食糜进入小肠后，在各类消化酶的作用下，最终将饲料分解为简单的化学物质被机体吸收。淀粉在淀粉酶作用下分解为葡萄糖，蛋白质在蛋白酶作用下分解为氨基酸和寡肽，脂肪在脂肪酶作用下分解为脂肪酸、甘油和甘油三酯。小肠壁上的绒毛有很强的吸收能力，小肠依靠蠕动和分节运动将残余的食糜送入大肠。鸭小肠可明显分为十二指肠和空肠，回肠与空肠无明显区别，因此合称为空回肠，鸭的空肠可明显区分为前后2个肠袢，前袢管径较细，后袢管径较粗。

(6) 大肠　大肠包括直肠和两条盲肠。小肠和直肠交界处有一对中空的小突起为盲肠，鸭的盲肠十分发达，盲肠内有微生物，未被消化的食糜可在盲肠微生物的作用下进一步消化，产生氨、胺类和有机酸，盲肠微生物可利用非蛋白氮合成菌体蛋白质、B族维生素等。盲肠具有吸收水分、电解质、钙、磷等的作用。来自小肠的一部分食糜进入盲肠，经进一步消化吸收后，其残渣被压迫进入直肠。肉鸭的直肠较短，主要作用是吸收未消化食糜中的水分，收集未消化食糜和消化道内源代谢产物，形成粪便，粪便经肛门排出体外。

（7）肛门 肛门是肉鸭消化、泌尿和生殖系统的共用通道，内有输尿管和生殖导管的开口。雏鸭肛门背壁有一盲囊突起，称为法氏囊，是肉鸭的免疫器官，随着日龄的增加而缩小，最后退化消失。

（8）肝脏 肝脏是肉鸭最重要的消化器官之一，位于腹腔前部，分左右两叶，肝脏分泌的胆汁经胆管进入十二指肠，胆汁能激活脂肪酶，使脂肪乳化，促进脂肪和脂溶性维生素的吸收，同时肝脏还参与糖原、蛋白质的合成、分解、贮藏，并有解毒功能。食物中的营养物质在肠道内经胃液、肠液和胆汁等的综合作用，被消化系统分解，产生氨基酸、脂肪酸和单糖等，最后被小肠绒毛的毛细血管和淋巴管末端吸收，再经血液循环转送到全身各处。

（9）胰腺 胰腺具有消化和内分泌双重功能。胰腺位于腹腔前部，依靠肠系膜紧贴于十二指肠，胰腺分泌的胰液经胰腺管进入十二指肠。胰液中含有丰富的淀粉酶、胰蛋白酶、糜蛋白酶、脂肪酶、肽酶、麦芽糖酶等，对饲料中碳水化合物、蛋白质及脂肪的消化起非常重要的作用。胰腺分泌的胰岛素和胰高血糖素对肉鸭体内糖、脂肪和蛋白质的代谢具有十分重要的调节作用。

37. 影响蛋白质消化吸收的因素有哪些？

（1）肉鸭品种和年龄 不同的肉鸭品种对同一种饲料蛋白质的消化吸收不同，这是因为不同的鸭消化生理特点不同。雏鸭由于消化道的结构和消化功能尚不完善，对饲料蛋白质的消化率不高。

（2）饲粮的粗纤维水平 纤维物质对饲料蛋白质的消化吸收都

有阻碍作用，随着纤维水平增加，蛋白质在消化道中的排空速度也增加，降低了蛋白质被酶作用的时间以及被肠道吸收的概率。

（3）**饲料的蛋白质品质及水平**　肉鸭对蛋白质的消化率与蛋白质的品质有很大的关系，如动物蛋白中，对血粉蛋白的消化率低、对鱼粉蛋白的消化率高。饲料中的粗蛋白水平对蛋白质的消化率也有影响，如饲料中蛋白质水平过高，超过了肉鸭的消化能力，则饲料蛋白质的消化率就会降低。因此，饲料蛋白质水平保持在肉鸭需要量的范围内，其消化率较高，低于或高于需要量，消化率都会降低。

（4）**蛋白酶抑制因子**　豆科籽实及其饼粕中含有多种蛋白酶抑制因子，其中最主要的是胰蛋白酶抑制剂，可使胰蛋白酶失去活性，而降低蛋白质的消化率。蛋白酶抑制因子对热敏感，适当的加热处理可使这些因子失去活性。

（5）**氨基酸之间的竞争和拮抗作用**　一些结构相似的氨基酸互相竞争或排斥，一种氨基酸干扰另一种氨基酸的吸收，如过多的赖氨酸显著降低精氨酸的效能，增加了精氨酸的需要量；亮氨酸含量过高时，增加了对异亮氨酸的需要量。苏氨酸和色氨酸、异亮氨酸和苯丙氨酸、苯丙氨酸和苏氨酸、丝氨酸和苏氨酸之间也存在拮抗作用，影响对方的消化和吸收。

38. 肉鸭需要的氨基酸有哪些？

目前，已知饲料中组成蛋白质的氨基酸有 22 种，可分为必需氨基酸和非必需氨基酸两大类。必需氨基酸是指肉鸭体内不能合成或合成量少、不能满足生产需要，必须由饲料供给的氨基酸，肉鸭的必需氨基酸有 13 种，它们是蛋氨酸、赖氨酸、色氨酸、亮氨酸、异亮氨酸、苯丙氨酸、苏氨酸、缬氨酸、甘氨酸、精氨酸、组氨酸、胱氨酸和酪氨酸。非必需氨基酸是那些能在肉鸭体内合成的氨基酸，饲料中是否含有不影响肉鸭的生长发育。含有全部必需氨基酸的蛋白质称为全价蛋白质。在非全价蛋白质饲料如植物性饲料中，通常赖氨酸、蛋氨酸、色氨酸和苏氨酸缺乏或含量不足，就会限制其他必需氨基酸的利用率，这样的氨基酸被称为限制性氨基酸。蛋氨酸是肉鸭的第一限制性氨基酸，赖氨酸是第二限制性氨基酸，苏氨酸是第三限制性氨基酸。

氨基酸不足时可通过氨基酸添加剂补充，氨基酸添加剂包括 L-赖氨酸盐酸盐、DL-蛋氨酸、DL-羟基蛋氨酸、DL-羟基蛋氨酸钙、N-羟甲基蛋氨酸、L-色氨酸、L-苏氨酸等。

39. 肉鸭的饲料种类主要有哪些？

肉鸭常用的饲料有：能量饲料、蛋白质饲料、矿物质饲料及添加剂等。

（1）能量饲料是饲料中能量的主要来源，主要包括谷类籽实、糠麸类及块根、块茎类等。这类饲料是肉鸭日粮中用量最多的。

（2）蛋白质饲料是饲料中蛋白质的主要来源，包括动物性蛋白饲料和植物性蛋白饲料两大类。

（3）矿物质饲料是以提供矿物元素为主的一类饲料，包括食盐，钙、磷补充剂以及微量元素补充剂等。

（4）饲料添加剂可分为营养性饲料添加剂和非营养性饲料添加剂。营养性饲料添加剂是指肉鸭营养中必需的那些具有生物活性的微量添加成分，主要有氨基酸添加剂、维生素添加剂和微量元素添加剂等；非营养性饲料添加剂种类繁多，如生长促进剂、驱虫保健剂、防霉防腐剂、着色剂、调味剂等，非营养性添加剂不是饲料中固有的营养成分，而是外加到饲料中以提高饲料效率的物质。

40. 什么是能量饲料？

能量饲料是指饲料干物质中粗纤维含量小于 18％、粗蛋白含量小于 20％ 的饲料。这类饲料在肉鸭日粮中占的比重较大，是能量的主要来源，一般占肉鸭日粮的 50％～70％，包括谷实类及其加工副产品，块根、块茎类以及加工副产品等。能量饲料的特点是含能量高，消化性好，粗纤维含量少，但蛋白质含量低。

41. 常用的能量饲料有哪些？ 各有何特点？

（1）玉米 玉米是肉鸭配合饲料中的主要能量饲料。玉米的代谢能含量为 12.9～14.5 兆焦/千克，蛋白质含量 8.6％，必需氨基酸（蛋氨酸、赖氨酸和色氨酸）不平衡，含钙量极少，含铁、铜、锰、锌和硒等微量元素不足，维生素 D、维生素 K 缺乏，在配合饲料时需补充其他饲料和添加剂。玉米的消化率高达 90％以上，且适口性好，是肉鸭的优质能量饲料。玉米的用量占肉鸭日粮的 35％～65％，使用时应磨碎或磨成粗粉状饲喂。玉米若保存不当，极易发霉，尤其是破碎的玉米，更易变质。变质的玉米适口性下降，严重时产生特异性中毒症状，如鸭腿畸形或死亡。

（2）麦类 麦类中蛋白质含量较多（粗蛋白 13％左右），氨基酸比其他谷类全面，B 族维生素含量也丰富，且易消化，故能量价值仅次于玉米。缺点是维生素 A、维生素 D 和矿物质含量较少，黏性大。

① 大麦 大麦含代谢能 11.34 兆焦/千克左右，比玉米低，粗纤维含量高于玉米，但粗蛋白含量较高，约为 4％～12％，且品质优于其他谷类，特别是赖氨酸的含量较高。大麦中 B 族维生素含量丰富，但外壳粗硬，不易消化。大麦在日粮中一般可占 10％～15％。

② 小麦 小麦的代谢能比玉米和糙米低，但比大麦高，约为 12.97 兆焦/千克。其优点是粗纤维少，适口性好，蛋白质含量高，达到 12％以上，其氨基酸组成比玉米、大麦完善，B 族维生素含量比较丰富。缺点是缺乏维生素 A、维生素 D，无机盐少，钙、磷比例也不当，黏性较大。小麦在日粮中一般可占 10％～20％。

③ 麦秕 指因其他原因造成的籽粒不充实、未成熟的小麦，比小麦的蛋白质含量高。由于其价格便宜，可以替代部分小麦。

④ 燕麦 燕麦代谢能为 11 兆焦/千克左右，粗蛋白为 9％～10％，含赖氨酸较多，但粗纤维含量也高，达到 10％，故不宜在肉仔鸭饲料中过多使用。

（3）稻谷 稻谷粗纤维含量较高，但脱壳后的糙米和制米筛分出的碎米是优质能量饲料。稻谷的粗蛋白含量比玉米的稍低，氨基酸含量与玉米近似。糙米的代谢能约为 13.97 兆焦/千克，粗蛋白约为 8.8%。碎米的营养物质含量与糙米相仿，糙米、碎米对肉鸭的营养价值和玉米相近，可用糙米、碎米代替部分玉米，用量可占肉鸭日粮的 30%～50%。

（4）高粱 高粱代谢能在 12～13.7 兆焦/千克，蛋白质含量与玉米相当，但品质较差，其他成分与玉米相似。由于高粱含单宁较多，味苦，适口性不如玉米、麦类，一般用量可占肉鸭日粮的 10%～15%。

（5）糠麸 糠麸类饲料是谷类籽实加工制米或制粉后的副产品。

①麦麸 包括小麦麸和大麦麸，粗蛋白含量为 13.5%～15.5%，且富含磷、锰、镁和 B 族维生素。但其能量较低，代谢能一般为 7.11～7.94 兆焦/千克，粗纤维含量较高，为 8.5%～12%。因其重量轻，单位重量容积大，有轻泻作用，故喂肉鸭时用量不宜过多，一般不超过日粮的 10%～15%。

②米糠 米糠是糙米精制成白米后的副产品。米糠代谢能为 11.70 兆焦/千克，粗蛋白含量为 11.5%～12%，粗脂肪为 12%～15%，粗纤维为 8%～9%，蛋氨酸含量高达 0.25%，与豆粕配伍较好；含有丰富的磷，维生素 E、维生素 B_1、烟酸含量丰富，但钙的含量较少。因其粗脂肪含量高，极易氧化酸败，故不能长时间存放。米糠适口性不如麦麸，故肉鸭日粮中添加量一般在 5%～10%。

（6）块根、块茎和瓜类 这类饲料含水量高（70%～80%），干物质中淀粉含量高，纤维少，蛋白质含量低，缺乏钙、磷，维生素含量差异大。

①马铃薯 马铃薯含碳水化合物丰富，适口性好，易贮藏，可以代替日粮中 30% 的谷实类。但马铃薯的幼芽及未成熟块茎中

含有毒物质龙葵素，喂前应将青绿部分及芽眼挖去。

② 甜菜　甜菜为优良多汁饲料，易消化，一般可占肉鸭日粮的20％～30％，喂时切碎，每次切好的要一次喂完，不然很快就会烂掉。

③ 南瓜　南瓜含丰富的胡萝卜素，味甜、适口性好，营养价值高，可占日粮的50％～60％，一般应煮熟后喂食。

④ 胡萝卜　胡萝卜含丰富的淀粉和胡萝卜素，适口性好，红色的比黄色的营养价值高，用量可占日粮的30％～50％。

（7）油脂　油脂包括植物油和动物油。油脂最大的特点是能量高，代谢能高达32.35～36.95兆焦/千克，为蛋白质和碳水化合物的2～2.25倍，油脂的添加可提高其他营养物质的利用效率。在肉鸭饲料中常加油脂来提高其代谢能，油脂添加量不宜过多，一般不超过3％～4％。已经变质的油脂不能用。

42. 什么是蛋白质饲料？　什么叫蛋白能量比？　为什么肉鸭饲料要有一定的蛋白能量比？

蛋白质饲料是指干物质中粗纤维含量在18％以下、粗蛋白含量大于或等于20％的饲料，可分为植物性蛋白质饲料、动物性蛋白质饲料、单细胞蛋白质饲料和合成氨基酸等四类。

蛋白能量比是每千克饲粮所含粗蛋白质量（克）与该饲粮所含代谢能（兆焦）之比，是中国家禽饲养标准中的一项指标。如某饲粮每千克含代谢能11.25兆焦，含粗蛋白200克，则蛋白能量比为17.8。当饲粮代谢能浓度在一定范围内，肉鸭能调整采食量以获得足够的能量，因此必须根据饲粮的能量浓度来调整蛋白质水平，肉鸭饲养标准中规定了能量蛋白比这项指标，就可保证肉鸭在满足能量需要的同时，蛋白质也能满足需要。

43. 常用动物性蛋白质饲料有哪些？　各有何特点？

动物性蛋白质饲料包括水产制品、畜禽屠宰后的副产品等，是很好的一类蛋白质饲料。其特点是蛋白质含量高，氨基酸组成良好，适于与植物性蛋白质饲料搭配；钙、磷含量高，而且都是可利用磷；富含多种微量元素；B族维生素特别是核黄素、维生素B_{12}等的含量相当高，还含有包括维生素B_{12}在内的动物蛋白因子，能促进肉鸭对营养物质的利用。而且动物性蛋白质饲料都不含粗纤维，可利用能量都较高。

水产制品包括鱼粉、鱼溶浆、虾粉、蟹粉等；畜禽屠宰厂副产品则有肉粉、肉骨粉、血粉、羽毛粉等。此外还有缫丝厂的副产品蚕蛹及制革厂的副产品皮革蛋白粉等。上述原料中以鱼粉最具代表性，其他原料饲用价值比鱼粉差，但因价格低廉，如能合理利用，也是良好的蛋白质来源。

(1) 鱼粉 鱼粉按原料可分为全身鱼粉、下杂鱼粉及混合鱼粉3种。我国广泛使用的鱼粉，包括进口的鱼粉和我国自产的鱼粉，是指以整鱼为原料制成的不掺杂异物的纯鱼粉。鱼粉的营养特性主要有：

① 蛋白质 鱼粉的粗蛋白含量高，进口鱼粉在60%以上，高者甚至达72%，国产鱼粉稍低，一般为45%～55%。其蛋白质品质好，生物学价值高，富含各种必需氨基酸，如赖氨酸、色氨酸、蛋氨酸、胱氨酸含量都很高，而精氨酸含量相对较低，这与大多数饲料的氨基酸组成相反，故在使用鱼粉配制日粮时，在蛋白质水平满足要求时，氨基酸组成也容易平衡。

② 碳水化合物 鱼粉中碳水化合物含量较低，在这类饲料中碳水化合物不具有重要作用。

③ 矿物质 鱼粉是良好的矿物质来源，其中钙、磷的含量都很高，钙含量可达5%以上，磷可达3.0%以上，且比例适宜，所有磷都是可利用磷。鱼粉含硒量也很高，可达2毫克/千克以上，因此，在日粮中鱼粉配比高时，可以完全不需另添加亚硒酸钠。此外，鱼粉中碘、锌、铁的含量也很高，并含有适量的砷。

④ 维生素 鱼粉中富含B族维生素，尤以维生素B_{12}、维生素B_2为多，而维生素B_{12}是所有植物性饲料中都没有的。其他B族维

生素如生物素、烟酸含量也较多。鱼粉还含有维生素 A、维生素 D 和维生素 E 等脂溶性维生素,但在加工条件和贮存条件不良时,很容易被破坏。

⑤ 未知因子　鱼粉中含有促生长的未知生长因子,这种物质还没有提纯成化合物,还不能定名,但可以肯定,其可刺激肉鸭的生长发育。

⑥ 热能　鱼粉中不含纤维素和木质素等难消化和不能消化的物质。与植物性饲料不同,它的可利用能量水平的高低,取决于粗脂肪和粗灰分的含量。如果鱼粉含脂肪多,原料不新鲜或贮存条件不良,因脂肪酸的氧化酸败,会形成营养抑制因子。一般在粗脂肪含量合格(含量不过高)的情况下,进口鱼粉的代谢能水平可达到 $11.72 \sim 12.55$ 兆焦/千克,国产鱼粉在不掺杂异物、蛋白质含量在 $50\% \sim 55\%$ 时,代谢能水平为 10.25 兆焦/千克或者更高。因此,以鱼粉为原料很容易配成高热能饲料。

⑦ 使用鱼粉的注意事项　购买正规厂家的产品,注意鱼粉的规格、名称;防止购买到掺假鱼粉,必要时应保存一定样品进行检测、订立购货合同;应注意鱼粉中的食盐含量不能过多,使用国产鱼粉时,要先测定鱼粉的含盐量,再行确定鱼粉在日粮中的配比;由于鱼粉是高营养饲料,是微生物繁殖的良好场所,故在高温高湿条件下,极易发霉、腐败,甚至出现自燃现象,因此鱼粉必须充分干燥;鱼粉中的脂肪含量不宜过多,脂肪含量超过 12% 的鱼粉不宜用作饲料,否则贮存不当时鱼粉会变质发臭,降低鱼粉的适口性和品质。

(2) 肉粉与肉骨粉　肉粉、肉骨粉来源于屠宰场、肉品加工厂的下脚料,即将可食部分除去后的残骨、内脏、碎肉等经干燥粉碎而得到的产品。制造肉骨粉多采用湿式加工法、干式加工法。由于原料不同,成品可为肉粉或肉骨粉,我国规定肉粉中含骨量超过 10%,则为肉骨粉。其营养特性如下:

① 粗蛋白　肉粉、肉骨粉的蛋白质含量随原料的不同差异较

大，平均为45%～50%，但某些骨成分高的肉骨粉只有35%左右。粗蛋白主要来自磷脂（脑磷脂、卵磷脂等）、无机氮（尿素、肌酸等）、角质蛋白（角、蹄、毛等）、结缔组织蛋白（胶原、骨胶等）、水解蛋白及肌肉组织蛋白。其中磷脂、无机氮及角质蛋白利用价值很低，结缔组织蛋白及水解蛋白的利用率也较差，而肌肉组织蛋白的利用价值最高。通常，肉粉、肉骨粉中的结缔组织蛋白较多，其构成氨基酸主要为脯氨酸、羟脯氨酸和甘氨酸，因此氨基酸组成不佳，赖氨酸含量尚可，但蛋氨酸和色氨酸的含量低，利用率变化大，有的产品会因过度加热而无法吸收。

② 热能　本品的热能主要来自蛋白质和脂肪，而这两项成分的含量与品质变化都大，因此代谢能水平变化也大，一般为7.98～11.72焦耳/千克。

③ 维生素、矿物质　脂溶性维生素如维生素 A、维生素 D 因加工过程中大量破坏，含量较少，但 B 族维生素含量丰富，特别是维生素 B_{12} 含量高，其他如烟酸、胆碱含量也较高。肉骨粉是良好的钙、磷来源，不仅含量高，且比例适宜，磷都为可利用磷。此外，微量元素锰、铁、锌的含量也较高。

④ 使用肉粉、肉骨粉应注意的问题　肉粉和肉骨粉是品质变异相当大的一类蛋白质原料，饲养效果并不一定比鱼粉好。生产过程中经过热处理的产品会降低适口性和消化率。贮存不当时其所含的脂肪易氧化酸败，而造成风味不良，质量下降。本品的掺假掺杂情况也较普遍，常见的是使用羽毛粉、蹄角粉、血粉及肠胃内容物等，在购买和使用时应进行检测。

（3）血粉　血粉是动物屠宰后的废弃血液经加工而成的一种良好的动物性蛋白质饲料。血粉按生产工艺不同可分成若干种，如蒸煮干燥血粉、瞬间干燥血粉、喷雾干燥血粉等，干燥方法及温度是影响血粉营养价值的主要因素，持续高温会造成大量赖氨酸变性，影响利用率，瞬间干燥和喷雾干燥者品质较佳。此外，还有发酵血粉、酶化血粉、脱血红素饲料等，其营养特性如下：

① 粗蛋白　血粉的粗蛋白含量很高，可达80%～90%，高于鱼粉和肉粉。其氨基酸组成特点是，赖氨酸含量很高，为7%～8%，比常用鱼粉中的含量还高，亮氨酸含量也高（8%左右）。以相对含量而言，精氨酸的含量很低，故与花生仁饼粕、棉仁饼粕配伍，可改善饲养效果。血粉最大缺点是异亮氨酸含量很小，几乎为零，在配料时应特别注意满足异亮氨酸的需要。此外，血粉中蛋氨酸、色氨酸也较低。总之，血粉是蛋白质含量很高的饲料，同时又是氨基酸极不平衡的饲料。

② 热能　血粉的代谢能水平随加工工艺的不同有一定差别。普通干燥血粉的溶解性差，消化率低，代谢能值为8.6兆焦/千克，而采用低温、真空干燥者，消化率较高，代谢能水平可达11.70兆焦/千克。

③ 维生素、矿物质　血粉不像其他动物性蛋白质饲料含有丰富的维生素 B_{12} 和核黄素，如核黄素含量仅为1.5毫克/千克。矿物质中钙、磷含量很低，但含有多种微量元素，如铁、铜、锌等，含铁量是所有饲料中最丰富者。

(4) 羽毛粉　羽毛粉由各种家禽屠宰后的羽毛以及不适于作羽绒制品的原料制成。羽毛粉的加工方法主要为高压加热水解法，此外也有酸碱处理法、微生物发酵或酶处理法以及膨化法等。

① 粗蛋白　羽毛粉的粗蛋白含量达80%以上，高于鱼粉。其氨基酸组成特点是，甘氨酸、丝氨酸含量很高，分别达到6.3%和9.3%。异亮氨酸含量也很高，可达5.3%，适于与异亮氨酸含量不足的原料（如血粉）配伍。但是羽毛粉的赖氨酸和蛋氨酸含量不足，分别相当于鱼粉的25%和35%左右。羽毛粉的另一特点是胱氨酸含量高，尽管水解时遭到破坏，但仍含有4%左右，是所有饲料中含量最高的。

② 热能　加工方法适当的羽毛粉，其粗脂肪含量应在4%以下，代谢能水平可达10.04兆焦/千克。代谢能水平越高，标志着羽毛粉的质量越好。

③ 维生素、矿物质　羽毛粉中的维生素 B_{12} 含量较高，而其他维生素含量则很低。矿物质中含硫很高，可达 1.5％，是所有饲料中含硫最高者，但钙、磷含量较小，分别为 0.4％ 和 0.7％。此外，羽毛粉还含有钾、氯及各种微量元素，含硒较高，约为 0.84 毫克/千克，仅次于鱼粉（2.0 毫克/千克）和某些菜籽饼粕（1.0 毫克/千克），为其他饲料的 2～3 倍。

（5）蚕蛹粉和蚕蛹粕　蚕蛹是缫丝工业的副产品，也是一种高蛋白动物性饲料。新鲜的蚕蛹含水量和含脂量都很高，用于饲料时应将其干燥，然后粉碎制成蚕蛹粉或脱脂后制成蚕蛹粕（渣）。其营养特性如下所述。

蚕蛹粉粗脂肪含量高，可达 22％ 以上，故代谢能水平高，为 11.71 兆焦/千克；蚕蛹粕含粗脂肪一般为 10％ 左右（溶剂脱油为 3％ 左右），代谢能水平为 10.04～10.46 兆焦/千克。

蚕蛹粉和蚕蛹粕的粗蛋白含量相当高，分别为 54％ 和 65％，二者氨基酸组成特点是，蛋氨酸含量很高，分别为 2.2％ 和 2.9％，是所有饲料中最高的。赖氨酸含量也很好，与进口鱼粉大体相等。色氨酸含量也高，可达 1.25％ ～1.5％，比进口鱼粉高 70％ ～100％。因此，蚕蛹粉或蚕蛹粕是平衡日粮氨基酸组成的很好组分。它们的另一特点是精氨酸含量低，尤其是同赖氨酸含量的比值很低，很适于与其他饲料配伍。

蚕蛹粉和蚕蛹粕的钙、磷含量较低。但 B 族维生素含量丰富，尤其是核黄素含量较高。蚕蛹粉在使用时应尽量现用，不宜久存。

（6）皮革蛋白粉　皮革蛋白粉来自于皮革工业的下脚料。平均每张生猪皮可产生下脚料 1 千克、生牛皮为 1.5 千克、生羊皮为 0.6 千克。我国制革下脚料比较丰富，主要集中在制革工业地区。

将制革下脚料经碱性水解、过滤、浓缩、干燥后可制成皮革蛋白粉，也可采用高压蒸汽处理来使之水解。鞣制后的皮革含有大量的铬，对肉鸭有害。在水解加工的同时必须脱铬，使含铬量不超过 60 毫克/千克，以保证饲用安全。

皮革蛋白粉中粗蛋白含量很高，可达 75％ 以上，而且消化率也在 80％ 以上。由于其蛋白质主要是胶原蛋白，因而相对缺乏蛋氨酸、色氨酸和苏氨酸，而且赖氨酸含量也不高，使用时应注意合理搭配或添加合成氨基酸，以使氨基酸平衡。

44. 常用植物性蛋白质饲料有哪些？ 各有何特点？

植物性蛋白质饲料就是常说的饼粕类，是大豆、棉籽、油菜子、花生、胡麻等榨油后的副产物，机械压榨脱油后的产物呈饼块状称为饼，通过有机溶剂来提取脂肪后的产物呈粉状称为粕。

（1）大豆饼粕

① 概况　大豆饼粕产量大，品质好，蛋白质含量高，消化率高，是肉鸭饲料中最常用的植物性蛋白质饲料；国产大豆产量很低，主要依赖进口。

② 营养特性　粗蛋白含量高（40％～50％），必需氨基酸含量高，组成合理；无氮浸出物 30％；胡萝卜素、核黄素和硫胺素含量少，烟酸和泛酸含量较多，胆碱含量丰富，维生素 E 在脂肪残留量高和贮存不久的饼粕中含量较高；矿物质中钙少磷多，磷多为植酸磷（60％左右）；大豆粕和大豆饼相比，具有较低的脂肪含量，而蛋白质含量较高，且质量较稳定。

（2）菜籽饼粕

① 概况　菜籽饼粕是油菜子提取油脂后的副产品，油菜品种分为芥菜型、白菜型、甘蓝型和其他型，不同品种含油量、脂肪酸组成和硫葡萄糖苷含量不同。

② 营养特性　菜籽饼粕含蛋白质高达 34％～38％；粗纤维 12％～13％；有效能较低；钙磷含量较高，但磷高于钙，大部分是植酸磷；其维生素含量高于豆饼。

③ 饲用价值　受抗营养因子和粗纤维含量高的影响，含有较高总硫葡萄糖苷的菜籽饼（粕）在日粮中用量不应超过 5％。

（3）棉籽饼粕

① 概况　以棉籽为原料经脱壳、去绒或部分脱壳榨油后的副产品；棉花的种类分为有腺体棉和无腺体棉两大类，前者的棉籽仁含有大量棕红色的色素腺体，其中含有棉酚等有毒物质，而无腺体棉的棉籽仁不含色素腺体，种仁几乎不含棉酚，故又称无酚棉。

② 营养特性　粗纤维含量主要取决于制油过程中棉籽的脱壳程度；粗蛋白含量较高，达 34％以上；矿物质中钙少磷多，其中71％左右为植酸磷；维生素 B_1 含量较多，维生素 A、维生素 D少；抗营养因子主要为棉酚。

③ 饲喂价值　其饲喂价值低于大豆饼粕，影响因素主要是：氨基酸利用率低（主要与加热破坏有关）；能量利用率低（与粗纤维含量高有关）；抗营养因子有游离棉酚、环丙烯脂肪酸、单宁和植酸等。

（4）花生饼粕

① 营养特性　花生饼粕有效能值较高，比大豆饼粕略高些，蛋白质含量也高，比大豆饼粕高 3％～5％；蛋白质品质低于大豆，氨基酸组成不佳，赖氨酸和蛋氨酸均偏低，而精氨酸含量很高，赖氨酸：精氨酸＝100：380；花生饼粕粗脂肪含量一般为 4％～6％，脂肪酸以油酸为主，易发生酸败；矿物质中钙少磷多，而其他元素含量较少。

② 抗营养因子　生花生中含胰蛋白酶抑制剂，可在榨油过程中经加热除去；花生饼粕极易感染黄曲霉，产生黄曲霉毒素，黄曲霉毒素可引起肉鸭中毒和人患肝癌。

③ 饲喂价值　花生饼粕的适口性极好，有香味。为了避免黄曲霉毒素中毒，雏鸭应尽量不用花生饼粕。花生（仁）饼粕有通便作用，采食过多易导致软便。高温处理的花生仁饼粕，蛋白质溶解度下降，可提高过瘤胃蛋白量，提高氮沉积量。

（5）亚麻仁饼粕（胡麻饼粕）

① 概况　亚麻仁饼粕是我国西北地区广为应用的饼粕饲料。

按亚麻用途可分为三类，即纤用型、油用型和兼用型，我国目前主要种植的是兼用型。

② 营养特性　含粗蛋白32％～36％，氨基酸组成不平衡，赖氨酸、蛋氨酸含量低，富含色氨酸，精氨酸含量高；粗纤维含量为8％～10％，热能值较低，代谢能仅为7.1兆焦/千克；残余脂肪中亚麻酸含量可达30％～58％；钙磷含量较高，硒含量丰富，是优良的天然硒源之一；胡萝卜素、维生素D含量少，但B族维生素含量丰富；抗营养因子有生氰糖苷、亚麻籽胶、抗维生素B_6等。

③ 饲用价值　肉鸭饲料中应尽量少用或不用亚麻仁饼粕，用量达5％时，即造成食欲下降，生长受阻，用量达10％即有死亡现象。

45. 主要常量元素有哪些？　各有何作用？

（1）钙和磷　钙和磷是肉鸭需要数量最多的两种矿物质元素。它们是构成鸭骨骼的主要成分。钙在维持神经、肌肉、心脏的正常生理功能以及调节酸碱平衡、促进血液凝固、形成蛋壳等方面都有重要作用。磷作为骨骼的组成元素，其含量仅次于钙，也是构成蛋壳和蛋黄的原料。磷在碳水化合物与脂肪的代谢、钙的吸收利用以及维持酸碱平衡中也有重要作用。钙和磷两种元素有着密切的关系，饲料中某种元素的含量过高都会影响另一种元素的吸收和利用，因此两者必须保持适当比例。

（2）钠和氯　钠和氯是肉鸭血液、体液的主要成分，它们在维持体内渗透压以及水和酸碱平衡方面起着调节作用，同时与调节心脏肌肉的活动以及蛋白质的代谢也有密切关系。

46. 主要微量元素有哪些？　各有何作用？

（1）铁和铜　铁存在于血红蛋白、肌红蛋白及某些氧化酶中，铁不足时发生贫血。铜与铁共同参与血红蛋白的形成。

（2）锌　锌在肉鸭体内含量很少，但分布却很广。它是许多金属酶类和激素、胰岛素的构成成分，参与蛋白质、碳水化合物和脂类代谢，它还与羽毛的生长、皮肤的健康、创伤的愈合及免疫功能有关。缺锌时主要表现为生长发育缓慢，羽毛生长不良，诱发皮炎。

（3）锰　锰主要存在于血液、肝脏中，是作为碳水化合物、脂类和蛋白质代谢酶的组成成分，具有促进骨骼正常生长发育的作用，也具有增加蛋壳强度的作用。

（4）硒　硒是谷胱甘肽过氧化酶的必需成分，这种酶和维生素E 都具有保护细胞膜不受氧化物损害的作用，并增强肉鸭的免疫功能。

（5）铬　铬是葡萄糖耐受因子不可缺少的成分，可促进胰岛素的生理功能。胰岛素是调节能量、脂肪代谢、蛋白质沉积和胆固醇利用的重要激素，当细胞的胰岛素敏感性下降，细胞利用葡萄糖和氨基酸的能力受到影响，导致脂肪细胞增加，蛋白质沉积减少。

47. 肉鸭微量元素缺乏会出现哪些症状？

肉鸭机体内的微量元素虽然含量很少，但对新陈代谢起着非常重要的作用。由于某一种微量元素的缺乏而导致的一类营养代谢性疾病称为微量元素缺乏症。肉鸭常见的微量元素缺乏主要有铁、铜、锌、硒、锰、镁、碘的缺乏。

（1）缺铁　铁是构成血红蛋白和肌红蛋白的成分，而血红蛋白是机体内运输氧气的载体，因此肉鸭缺铁时主要症状是贫血，表现为精神不振，食欲降低，不愿活动，生长缓慢，贫血消瘦，羽毛变淡、无光泽，喙、爪色淡，红细胞数量减少，血红蛋白降低，肌肉苍白。

（2）缺铜　铜是细胞色素氧化酶、过氧化物歧化酶等多种酶的组成成分，与肉鸭的新陈代谢密切相关。铜是羽毛正常色素沉着所必需的元素，另外，铜与铁有协同作用，铜是形成血红蛋白所必需的元素，缺铜时，日粮中的铁被吸收后贮存于肝脏和其他部位，但不能合成血红蛋白，还会影响骨骼形成。肉鸭缺铜时，影响机体对钙、磷的吸收与代谢，出现生长发育不良，骨骼短粗。

（3）**缺锌**　锌是碳酸酐酶的组成部分，也是体内多种酶的辅助因子，参与机体的代谢。肉鸭缺乏锌时，食欲下降，生长缓慢，体轻消瘦，羽毛缺损，出现皮炎，特别是趾间的表皮病变较为常见，雏鸭还会出现关节粗大、胫骨粗短等症状。

（4）**缺硒**　硒是谷胱甘肽过氧化物酶的组成部分，它可将脂质过氧化物还原，防止这类物质在体内积累，保护细胞膜结构完整和功能正常。在硒贫乏的地区多呈地方性流行。本病主要发生于雏鸭，发病快，病程短，死亡率较高。患鸭精神沉郁，反应迟钝，食欲下降，生长停滞，体重迅速下降，排绿色或白色稀粪，运动障碍，腿向两侧分开，驱赶时，常以翅、喙撑地行走。严重的病例则患鸭瘫痪，卧地不起，有的水肿严重，腹部膨大，最后死亡。腿、胸和心脏肌肉坏死、松弛，颜色苍白，有的出现黄白色条纹，故称为白肌病，胸、腹、翅、腿皮下有黄色胶冻样浸润。维生素 E 与硒有协同作用，维生素 E 的缺乏会加重硒缺乏症的症状。

（5）**缺锰**　锰是肉鸭体内多种酶的活化剂，缺锰时这些酶活性下降，影响肉鸭的生长和骨骼发育。肉鸭对这种元素的需要量相当高，对缺锰也最为敏感。缺锰时患鸭生长发育受阻，体重下降，出现骨粗短症，关节肿大，胫骨与跗骨处异常肿胀，腓肠肌腱滑出，发生脱腱症，脚外翻，行走困难，严重者难以觅食、饮水，常因饥渴而死。

（6）**缺镁**　镁是肉鸭骨骼形成所必需的元素，它与体内的钙和磷有密切关系。同时镁也是体内多种酶的活化剂，可保持神经肌肉的正常功能，保证核酸、蛋白质的正常合成。雏鸭日粮中缺镁时，约经过 1 周后即可出现症状，表现为生长停滞，精神萎靡，卧地不愿走动，而后出现昏睡症状。病雏受惊吓时，常出现短时间的气喘、惊厥，然后转入昏迷状态，有的死亡。

（7）**缺碘**　碘是保持肉鸭甲状腺正常功能所需要的元素。肉鸭缺碘的主要症状是甲状腺肿大，患鸭生长缓慢，体重下降，羽毛脱落。肉种鸭缺碘时，种蛋孵化时间延长，死胚增多，孵出的雏鸭可能出现先天性甲状腺肿。缺碘还会导致种公鸭性功能减退。

48. 如何补充肉鸭常用的微量元素?

（1）**饲料中微量元素含量的设计要合理** 设计饲料配方时，要充分考虑到原料、维生素等对微量元素吸收利用率的影响，避免出现微量元素添加不足的现象。不同地区饲料原料中微量元素的含量有所差异，应根据当地具体情况选择合理的饲料配方。肉鸭微量元素的营养需要可参照表3-1。

表3-1　肉鸭微量元素营养需要量

元素名称	每千克饲料添加量/毫克
锰	110
铁	100
锌	110
铜	8
硒	0.3
碘	1

（2）**在饲料贮存过程中应避免微量元素的破坏** 在阴雨天气时，应特别注意饲料的保存，防止酸败或霉变，当饲料中添加较多的鱼肝油时，要做到现配现用，否则容易导致酸败，饲料一旦解封，最好短时间内用完。必要时可在饲料中加抗氧化剂。已酸败或霉变的饲料坚决不能使用。

（3）**饲喂微量元素含量较高的饲料原料** 选用饲料原料时，可有针对性地选择微量元素含量较高的饲料原料，如含锰较高的麸皮、米糠，含铁较高的豆类，含锌较高的肝粉等。

（4）**微量元素缺乏症的补救措施** 当怀疑肉鸭群发生微量元素缺乏症时，首先检查饲料是否变质，若变质，应立即更换新的饲料；若未变质，则对饲料进行检验，以确定是哪种微量元素缺乏，然后采取相应的补救措施。

49. 什么叫维生素? 在肉鸭生产中维生素有什么重要作用?

维生素又名维他命，是维持生命活动必需的一类有机物质，也是保持健康的重要活性物质。维生素在体内的含量很少，但不可或缺。各种维生素的化学结构以及性质虽然不同，但它们却有着以下的共同点：维生素均以维生素原的形式存在于饲料中；维生素不是构成机体组织和细胞的组成成分，它也不会产生能量，它的作用主要是参与机体代谢的调节；大多数的维生素，机体不能合成或合成量不足，不能满足机体的需要，必须经常通过饲料获得；维生素的需要量很小，日需要量常以毫克或微克计算，但一旦缺乏就会引发相应的维生素缺乏症，对肉鸭健康造成损害。

维生素的功能是生理上必需的营养物质，起着调节和控制新陈代谢的作用，参与酶活性的维持、增强免疫力，在肉鸭饲养上主要用于促进肉鸭的生长，保护健康，提高成活率、饲料转化率及繁殖率。

50. 脂溶性维生素有哪些？

脂溶性维生素包括维生素 A、维生素 D、维生素 E 和维生素 K，这类维生素能被肉鸭贮存。

51. 水溶性维生素有哪些？

水溶性维生素有维生素 B_1、维生素 B_2、维生素 PP、维生素 B_6、泛酸、生物素、叶酸、维生素 B_{12} 和维生素 C 等。水溶性维生素在体内不能贮存，很快随尿排出，必须经常由日粮供给。

52. 维生素 A 的主要作用、缺乏症及其防治措施是什么？

（1）主要作用 维生素 A 又称抗干眼醇，有两种，分别是视黄醇和 3-脱氢视黄醇。肝脏是贮存维生素 A 的场所，植物中的类胡萝卜素是维生素 A 前体。维生素 A 可促进细胞的增殖和生长，保护各器官上皮组织结构的完整和健康，维持正常视力，使骨骼发育正常并提高对各种传染病的抵抗力，还参与性激素的形成，提高繁殖力。维生素 A 在动物性饲料中含量较多，如海鱼、鱼残料、鲸肝、乳类、蛋类等。在补饲维生素 A 的同时，适当增加脂肪和维生素 E，会提高其利用率。

（2）缺乏症 肉鸭维生素 A 缺乏的典型症状是眼睛流出乳状渗出物，上下眼睑被渗出物粘住，眼结膜浑浊不透明。病情严重时，病鸭眼内蓄积大块灰白色的干酪样物质，眼角膜软化和穿孔，最后造成病鸭失明。一般情况下，病鸭生长停滞，精神萎靡，身体瘦弱，走路不稳，羽毛松乱，喙和小腿部皮肤黄色消失，运动无力，如果不进行及时治疗，死亡率较高。肉种鸭产蛋量显著下降，蛋黄颜色变淡，出雏率下降，死胚率增加。

（3）防治措施 注意饲喂富含维生素 A 的饲料，如青草、南瓜、胡萝卜、黄玉米及鱼粉等。必要时应给予鱼肝油或维生素 A 添加剂。谷物饲料贮藏不宜过久，以免发生酸败，导致胡萝卜素被破坏。

病鸭可每千克日粮中补充 1000～1500 国际单位维生素 A，也可用维生素 AD 滴剂拌料，每千克日粮滴加 10 毫升，每日 1 次，连用 2～5 天，或在病鸭群饲料中加入鱼肝油，每千克日粮中加 2～4 毫升。

53. 维生素 D 的主要作用、缺乏症及其防治措施是什么？

（1）主要作用 维生素 D 又称钙化醇、抗佝偻病维生素，可直接摄取，也可由维生素 D 原经紫外线照射转化。维生素 D 与肉鸭骨骼钙化有关，骨骼钙化需要足够的钙和磷，其比例应在 1：1 到 2：1 之间，还要有维生素 D 的存在。维生素 D 的功能是维持正常的钙、磷代谢，因而对骨骼的正常发育有极重要的作用，缺乏时不仅会出现软骨症，阻碍生长，还会严重影响肉鸭的繁殖机能。维生素 D 主要靠鱼肝油供给，动物肝脏、血粉、酵母中的含量也很丰富。肉鸭的供给量为每千克日粮 400 国际单位。

（2）缺乏症 维生素 D 缺乏症状是雏鸭精神委顿，不愿走动，常蹲卧，喙变软，行走摇晃，需拍动双翅才能移动身体，逐渐瘫痪，生长迟缓，种鸭产蛋减少，产薄壳或软壳、无壳蛋。种蛋孵化率降低，死胎增多。

（3）防治措施 尽可能提供舍饲肉鸭群日光照射，注意饲料中维生素D和钙、磷的含量及其比例，合理的钙磷比为2∶1，产蛋期为（5～6）∶1。病鸭每千克饲料中添加维生素$D_3$5毫克，每天2次，连用5天，第1天加倍；病情严重的肉鸭可注射维丁胶性钙1毫升/只，隔一天再注射1次。

54. 维生素E的主要作用、缺乏症及其防治措施是什么？

（1）主要作用 维生素E又称生育酚、抗不育维生素，存在于蔬菜、麦胚、植物油的非皂化部分，主要影响肉鸭繁殖，缺乏时还会发生肌肉退化。维生素E极易氧化，是良好的脂溶性抗氧化剂，可清除自由基，保护不饱和脂肪酸和生物大分子，维持生物膜完好，延缓衰老。维生素E很少缺乏，它是一种有效的抗氧化剂，对维生素A具有保护作用，参与脂肪的代谢，维持内分泌的正常机能，使性细胞正常发育，提高繁殖性能。

（2）缺乏症 维生素E缺乏症状是患病雏鸭精神委顿，食欲降低，肌肉苍白，胸肌和腿部肌肉发生变性及坏死，可见灰白色的条纹，所以又叫"白肌病"，运动失调，站立不稳或不能站立，全身衰竭，可大批死亡。成鸭繁殖力下降，一般成年母鸭不表现明显症状，仍能产蛋，但种蛋孵化率显著降低，往往孵化到4～5天胚胎即死亡。公鸭睾丸发生退行性变化，精子的产生减少或停止，繁殖机能减退。

（3）防治措施 在缺少微量元素硒的地区，饲料中应补充硒制剂，每千克体重0.06～0.1毫升。维生素E在植物油中含量丰富，大群治疗时，可在饲料中加入0.5%～1.0%植物油，供给充足的新鲜青饲料，并适当放牧。发病雏鸭每只可喂服维生素E 2～3毫克。也可用亚硒酸钠-维生素E，按说明的用量加倍使用，或用0.1%亚硒酸钠0.05～0.1毫升/只肌内注射。

55. 维生素 B_1 主要作用、缺乏症及其饲喂建议是什么？

(1) 主要作用 维生素 B_1 又称硫胺素，是构成消化酶的主要成分，为碳水化合物正常代谢所必需，能维持神经细胞的正常功能，防止神经失调和多发性神经炎，能促进食欲和促进生长。

(2) 缺乏症 当缺乏维生素 B_1 时，肉鸭表现为食欲减退，体重下降，羽毛松乱无光泽，引发多发性神经炎，严重时肉鸭腿、翅、颈发生痉挛，头向后弯曲呈"望星状"，瘫痪，卧地不起。

(3) 饲喂建议 雏鸭对维生素 B_1 的需要量较大，谷物、糠麸、青饲料、胚芽、青干草、豆类、发酵饲料和酵母粉中含量丰富。建议适当饲喂。

56. 维生素 B_2 主要作用、缺乏症及其饲喂建议是什么？

(1) 主要作用 维生素 B_2 又称核黄素，是黄素蛋白的成分，维生素 B_2 对体内的氧化还原、细胞呼吸作用有重要影响。维生素 B_2 颜色为黄绿色，在碱性环境中被光和热破坏，在产蛋鸭体内不能贮存，是 B 族维生素中较易缺乏的一种。

(2) 缺乏症 缺乏时鸭脚趾向内侧弯曲、软腿瘫痪，有时以关节触地走路，生长不良，肉种鸭产蛋量下降，种蛋的孵化率降低。

(3) 饲喂建议 维生素 B_2 在豆科植物、大麦、小麦、麦麸、豆饼、谷芽、青干草粉、酒糟、酵母、鱼粉、血粉、蚕蛹渣、发酵产品中含量较多。建议适当饲喂。

57. 维生素 B_3 主要作用、缺乏症及其饲喂建议是什么？

(1) 主要作用 维生素 B_3 又称泛酸，是辅酶 A 的组成部分。它参与碳水化合物、脂肪和蛋白质的代谢。

(2) 缺乏症 缺乏时，肉鸭出现代谢紊乱，雏鸭生长缓慢，羽毛粗乱，皮下出血、水肿，发生皮肤炎，嘴角及眼睑周围结痂，肉种鸭产蛋下降，种蛋孵化率降低，胚胎在孵化后期死亡。

(3) 饲喂建议 一般饲料都含有泛酸，尤以糠麸和植物性蛋白质饲料最为丰富，块根、块茎饲料含量较低，玉米中含量少。泛酸在饲料中分布较高，但较不稳定，受热易破坏，容易引起肉鸭缺乏。另外，泛酸与维生素 B_2 的利用有关，当一种缺乏时，另一种的需要量增加。

58. 维生素 B_6 主要作用、缺乏症及其饲喂建议是什么？

（1）主要作用　维生素 B_6 又名吡哆醇，是蛋白质和氮代谢中的一种辅酶成分。

（2）缺乏症　维生素 B_6 缺乏时雏鸭生长缓慢或停滞，肌肉动作不协调，抽搐，皮肤发炎，羽毛粗乱，肉种鸭产蛋减少，种蛋孵化率降低。

（3）饲喂建议　维生素 B_6 在糠麸、苜蓿、绿干草粉、胚芽、谷类、酵母中含量较丰富，日粮中一般不会缺乏。

59. 维生素 B_{12} 主要作用、缺乏症及其饲喂建议是什么？

（1）主要作用　维生素 B_{12} 又名钴胺素，参与核酸合成、甲基合成、碳水化合物代谢、脂肪代谢以及与维持血液中谷胱甘肽有关，有利于提高造血机能，能提高日粮中蛋白质的利用率，促进生长。

（2）缺乏症　缺乏时，雏鸭生长不良，贫血，清瘦，食欲不振，饲料利用率降低，生长停滞，甚至死亡；肉种鸭产蛋量下降，蛋重减轻，蛋形变小，孵化率下降，孵化 18 天时胚胎死亡率很高。

（3）饲喂建议　维生素 B_{12} 在肉骨粉、鱼粉、血粉、羽毛粉等动物性饲料以及在酵母、发酵产品中含量丰富。维生素 B_{12} 在动、植物体内均不能合成，只有微生物能够合成。

60. 烟酸主要作用、缺乏症及其饲喂建议是什么？

（1）主要作用　烟酸又名尼克酸或维生素 PP，是所有活细胞必需的一种维生素。它对体内碳水化合物、脂肪和蛋白质的代谢起主要作用，并有助于产生色氨酸。

（2）缺乏症　缺乏时，肉鸭食欲减退，羽毛蓬松而缺乏光泽，并伴有下痢和屈腿内弯，膝关节肿大，严重时瘫痪，不能行走，但骨质坚硬，不同于软骨症，烟酸缺乏时肉鸭还会出现口腔黏膜和舌发炎，呈暗红色。

（3）饲喂建议　烟酸在谷物饲料中含量较多，在动物性副产品中含量也比较丰富。

61. 胆碱主要作用、缺乏症及其饲喂建议是什么？

（1）主要作用　胆碱是一种含甲基的化合物，是构成卵磷脂的成分之一，它能帮助血液里脂肪转移，与传递神经冲动和肝脏中脂肪的转运有关，为雏鸭生长所必需，有节约蛋氨酸、促进生长、减少脂肪在肝内沉积的作用。

（2）缺乏症　胆碱不足时会引起脂肪代谢障碍，形成脂肪肝，雏鸭生长缓慢，肉种鸭产蛋量下降。

（3）饲喂建议　鱼粉、饲料酵母、豆饼、棉籽饼、大麦、小麦、米糠等饲料中胆碱的含量丰富，工业生产的氯化胆碱也成为胆碱的来源，肉鸭对胆碱的需要量比其他维生素多得多。当日粮中缺乏蛋氨酸或饲喂高脂肪低蛋白质的饲料时，必须添加胆碱。

62. 生物素主要作用、缺乏症及其饲喂建议是什么？

（1）主要作用　生物素又名维生素H，是抗蛋白毒性因子，在肉鸭体内参与蛋白质和碳水化合物的代谢，并与脂肪合成有关。

（2）缺乏症　当肉鸭体内缺乏生物素时，易患皮炎，脚发红，骨骼畸形，运动失调。高温及氧化剂易使生物素丧失活性。生蛋清中含有一种蛋白质，能与生物素紧密结合而使其失去作用，所以肉鸭不能吃生鸡蛋，有啄蛋癖的肉种鸭易缺乏生物素。

（3）饲喂建议　一般饲料中生物素含量都较丰富，肝、肾、甘薯、马铃薯、玉米、豆饼中含量较高。以小麦或非玉米为主的日粮，要添加生物素。

63. 叶酸主要作用、缺乏症及其饲喂建议是什么?

(1) 主要作用 叶酸又称维生素 B_9 或蝶酰谷氨酸,它以辅酶形式参与许多代谢反应。叶酸和维生素 B_{12} 共同参与核酸代谢和核蛋白的形成,叶酸对正常血细胞的形成有促进作用。

(2) 缺乏症 缺乏时雏鸭生长缓慢,羽毛生长不良,有色羽毛缺乏色素,血红蛋白含量降低、贫血,口腔黏膜苍白,胫骨弯曲,出现典型的颈部麻痹。

(3) 饲喂建议 叶酸广泛存在于动、植物饲料中,日粮中一般不缺乏。

64. 维生素 C 主要作用、缺乏症及其饲喂建议是什么?

维生素 C 又名抗坏血酸,与细胞间质、骨骼原的形成和保持有关,并促进形成蛋壳。维生素 C 可增强机体免疫力,有促进肠内铁吸收的作用。肉鸭体内具有合成维生素 C 的能力,一般情况下不会缺乏。当肉鸭处于应激状态时,增加日粮中维生素 C 的含量能提高肉鸭的抵抗力。在热应激的条件下,补充维生素 C 能提高存活率、产蛋率和蛋壳厚度。

65. 饲料添加剂的种类有哪些? 有何作用?

从使用添加剂的主要目的和作用的角度,可将目前常用的饲料添加剂概括为六大类。

一类是补充和平衡营养类添加剂,包括氨基酸、维生素、微量矿物元素等;二类是药物饲料添加剂,是指为预防、治疗动物疾病而掺入载体或者稀释剂的兽药的预混物,包括抗球虫药类、驱虫剂类、抑菌促生长类等;三类是生理代谢调节剂类添加剂,包括激素类、抗应激类、中草药类;四类是增加食欲助消化类添加剂,包括酸化剂、甜味剂、鲜味剂、香料、生菌剂(益生素)、酶制剂和缓冲剂等;五类是饲料添加及保存剂类添加剂,包括防霉剂、抗氧化剂、黏结剂、抗结块剂、乳化剂、青贮保存剂等;六类是其他类添加剂，包括着色剂、饲料色素、活性炭、沸石、麦饭石、膨润土、硝酸稀土等。

在肉鸭饲养中，应按高标准、严要求来选择饲料添加剂的种类，不能使用激素类添加剂，不能使用违禁药物，更不能使用有毒、有害物质。

（二）肉鸭的饲料配制技术

66. 什么是肉鸭的饲养标准？

为了合理地饲养肉鸭，既要满足营养需要、充分发挥它们的生产能力，又不浪费饲料，根据生产实践中积累的经验，结合消化、代谢、饲养及其他的试验，科学地规定了肉鸭在不同体重、不同品种、不同营养水平和生产性能等情况下，每天每只应该给予的能量、蛋白质、矿物质和维生素的需要量，这种规定的标准称为"饲养标准"，饲养标准等于营养需要量加安全量。

常用的饲养标准主要有两种，一种是国家规定和颁布的标准，如我国的饲养标准、美国的 NRC 饲养标准、英国的 ARC 饲养标准等；另一类是大型育种公司根据各自培育的优良品种或品系的特点，制定出的符合该品种或品系营养需要的饲养标准。

饲养标准是根据科学试验及生产实践经验总结制定的，因此，具有普遍的指导意义。但在生产实践中，不应把饲养标准看做是一成不变的规定，因为各地的情况千差万别，肉鸭的品种、日粮的组成、气候条件、市场需求以及其他饲养管理条件不同，对日粮中各种养分的需要量也不同。应把饲养标准作为参考，因地制宜，灵活地加以应用。

67. 肉鸭常用饲料如何分类？

（1）按饲料的营养成分分类　按饲料的营养成分，肉鸭饲料可分为全价配合饲料、浓缩饲料、预混料等几种。

（2）按饲喂对象分类　肉鸭饲料又可分为肉种鸭饲料和肉仔鸭

饲料两种。肉种鸭饲料通常分为 3 种，即育雏料、育成料和产蛋料；肉仔鸭饲料分为 2 种，即 0～3 周饲料和 4～7 周饲料，或 3 种：0～2 周饲料、3～4 周饲料、5～7 周饲料。

68. 日粮配合有哪些基本原则？

日粮配合的一般原则是饲料务求多样化，以保证营养物质完善，并补充饲料添加剂。微量元素和维生素根据需要全部由添加剂提供，常规饲料中的含量只当安全剂量，可不予考虑；根据当地饲料资源及价格状况，尽量选用营养丰富且价格低廉的饲料，制作的饲料配方必须具有合理的经济效益；必须注意配合饲料的品质，对原料的品质必须经过检测；配合饲料的原料及配合比例要保持相对稳定，如需改变，必须逐渐更换，给肉鸭一个适应过程；选用的饲料要注意适口性，若适口性差，影响采食量；配制饲料应搅拌均匀，特别是对维生素和微量元素等各种添加剂，必须先加辅料预混后再与其他饲料充分拌匀。

69. 日粮配制有几种方法？ 如何配制？

（1）粉碎 麸饼类及较大的谷粒和籽实，如稻谷、玉米、小麦、大麦等，有坚硬的外壳和表皮，不易被肉鸭消化吸收，必须经过粉碎或磨细才可饲喂（尤其是雏鸭）。但也不宜过细，太细的饲料肉鸭不易采食和吞咽，一般粉碎成小碎粒。

（2）切碎 新鲜的青绿饲料（如青菜、牧草），以及块根和瓜果类饲料（如胡萝卜、南瓜等），维生素含量多，蒸煮易受破坏，最好洗净切碎、切短喂给，随切随喂。切后的青绿饲料不宜堆积久放，以免腐败变质，肉鸭吃后中毒。

（3）浸泡 较坚硬的谷粒，如玉米、小麦等，经浸泡后可增大体积，增加柔软度，使肉鸭喜食，也易于消化。雏鸭开食用的碎米，可先浸泡 1 小时后再喂给，以利于开食和消化。但浸泡时间过久（尤其是高温季节）会引起饲料发霉变质，降低适口性。

（4）蒸煮 谷粒和籽实，以及块根、瓜类等饲料，如玉米、大麦、小麦、红薯、萝卜（包括胡萝卜）、南瓜等，蒸煮后可增加适口性和提高消化率。但在蒸煮过程中也会破坏一些营养成分。此外，给肉鸭饲喂的蚯蚓、河蚌、小鱼、鱼下脚料、肉类加工副产品、废弃的动物内脏等都要煮熟煮透，并注意防止腐败，否则会引发疾病。

70. 肉鸭健康养殖对饲料配制加工有何要求？

（1）根据肉鸭的品种、年龄、生理阶段及生产性能，参考适当的生产标准，结合本地区的生产实际经验，进行配合，不能照搬饲养标准。

（2）考虑经济的原则，在保证营养全价的前提下，尽量选用本地产量高、来源广、营养丰富、价格低廉的饲料进行配合，要注意开发当地的饲料资源。

（3）注意日粮的适口性，在设计配方时，应熟悉肉鸭的嗜好。

（4）饲料配制中要尽量选用多种饲料原料进行配合。肉鸭对营养物质的需求是多方面的，任何一种饲料原料都不可能满足其对多种营养的需要，因此，要选用营养特点不同的多种饲料进行配合，发挥营养互补作用，一般饲料选用3～5种原料。

（5）饲料应符合肉鸭的消化特点，日粮中精、粗比例要适当。肉鸭是单胃动物，消化粗纤维的能力较差，日粮中粗饲料的比例不能过高，一般粗纤维含量为$3\%\sim5\%$。

（6）肉鸭有根据日粮能量浓度调节采食量的特点，要注意日粮中营养物质含量与能量的比例，避免采食饲粮不足和过量的现象。

（7）在保证营养全面的同时，要注意有效性、安全性和无害性，不用发霉变质及有毒有害的饲料配制日粮。

（8）根据季节及气温的变化，灵活调配日粮的能量及营养物质的浓度。

71. 如何区分预混料、浓缩饲料、配合饲料和全价配合饲料？

（1）全价配合饲料 全价配合饲料提供的营养能满足肉鸭不同

生长阶段和不同生产用途的需要，其提供的营养物质包括能量、蛋白质、矿物质、粗脂肪、粗纤维及维生素等，同时，还有促生长、保健药物等添加剂类。

（2）**浓缩饲料** 在全价配合饲料中，除去能量饲料即为浓缩饲料。浓缩饲料主要由三部分组成，即蛋白质饲料、常量矿物质饲料（钙、磷、食盐）、添加剂预混料。浓缩饲料是饲料加工厂生产的半成品，其突出特点是除能量指标外，其余营养成分的浓度很高。用浓缩饲料时只需按说明书加一定量的能量饲料，即可配成全价饲料。

（3）**预混料** 预混料是几种或多种微量组分与稀释剂或载体均匀混合构成的中间配合饲料产品。预混料包括单一型和复合型两种。单一型预混料是相同种类物质组成的预混料，如多种维生素预混料、复合微量元素预混料等。复合型预混料是除蛋白质饲料之外多种原料组成的产品，3%～5%的预混料包括各种维生素、微量元素、常量元素和非营养性添加剂等，0.4%～1.0%的预混料不包括常量元素，即不提供钙、磷和食盐。

72. 常用的肉鸭饲料配方有哪些？

不同品种的肉鸭对饲料的营养需求是不同的，饲料配方也不尽相同，一般需根据不同肉鸭的饲养标准进行设计。下面以北京鸭和番鸭为例说明肉鸭的饲料配方，北京鸭参考饲料配方见表3-2，番

表3-2　北京鸭参考饲料配方　　　单位：%

项目	雏鸭料（0～21日龄）	中鸭料（22～45日龄）	填鸭料（46～60日龄）
玉米	54.3	54.3	75.3
麸皮	10	18	8
豆饼	22	18	10
鱼粉	11	7	4
骨粉	0.5	0.5	0.5
石粉	2	2	2
食盐	0.2	0.2	0.2

鸭参考饲料配方见表3-3。

表3-3 番鸭参考饲料配方 单位：%

饲料原料	肉用			种用	
	0～3周龄	4～7周龄	7～12周龄	13～25周龄	25周龄以后
玉米	45	55	55	30	40
次粉	17	13	20	20	18
豆饼	22	18	11	9	16
进口鱼粉	8	6	—	—	—
国产鱼粉	—	—	6	4	8
骨粉	1	0.27	—	—	—
豆饼麸皮	5	—	—	10	—
细糠	—	5	6	25	10
贝壳粉	0.7	0.5	1	1	7
食盐	0.3	0.3	—	—	—
1%预混料	1	—	—	1	1
石膏	—	0.3	—	—	—

73. 配制肉仔鸭饲料时的注意事项有哪些？

肉仔鸭具有早期生长速度快、体重大、出肉率高、均匀度好、饲料转化率高等优点，因此在其生长早期的饲料中蛋白质含量应较高，以利于其器官的发育。生长育肥期的饲养管理要根据生长发育特点，增加能量饲料的比例，适当降低蛋白质饲料的比例。同时结合当地自然条件和品种类型，选用价格低廉的高能饲料如稻谷、玉米等。有条件的适当增加鱼粉、矿物质等，可提高育肥效果。饲料中还可以适当添加一些沙粒有助于提高饲料的消化利用率。

74. 配制肉种鸭饲料时应考虑哪些因素？

配制肉种鸭饲料时蛋白质要比商品蛋鸭饲料高，同时要保证蛋氨酸、赖氨酸和色氨酸等必需氨基酸的供给，保持饲料中氨基酸的平衡。鱼粉和饼粕类饲料中的氨基酸含量高，而且平衡，是种用肉鸭较好的饲料原料，日粮中的含量应占 0.25%～0.30%。此外，肉种鸭的饲料中还要补充维生素，特别是维生素 E，因为维生素 E

对提高产蛋率、种蛋受精率有较大作用，日粮中维生素 E 的含量为每千克饲料 25 毫克，不得低于 20 毫克/千克，可用复合维生素来补充。

75. 肉鸭喂粉料好还是喂颗粒料好？ 若喂粉料，喂干料好还是喂湿料好？

（1）颗粒饲料是将按全价料要求生产的粉状饲料再制成颗粒。颗粒饲料易于采食，降低采食消耗和减少采食时间，有防止肉鸭挑食而保证平衡饲粮的作用，饲料制粒时蒸汽处理可以灭菌，消灭虫卵，有利于淀粉的糊化，提高饲料利用率，还可减少采食与运输时的粉尘损失。缺点是生产成本高及在加工过程中的高温破坏了饲料中的某些成分，特别是维生素和酸制剂等。颗粒饲料在生产上适用于各种类别的鸭，肉鸭喂颗粒料好，但对育成鸭、肉用种鸭产蛋后期应控制饲喂量，以免造成肉鸭采食过多而过肥，影响生产性能的正常发挥。

（2）粉状饲料是按全价料要求设计配方，将饲料中所有原料都加工成粉状，然后加氨基酸、维生素、微量元素及添加剂等混合拌匀而成。肉鸭采食粉料过程慢，所以能使所有肉鸭均匀地吃食，摄入的饲料营养全面，易于消化，且粉状饲料不易腐烂变质，生产成本低。但粉状饲料适口性差且易飞散损失，生产上常用于 2 周以内的肉用仔鸭、生长后备鸭。若喂粉料，喂湿料好，湿拌料能显著提高肉鸭的采食速度和采食量。

76. 养殖户选购饲料时应注意哪些问题？

颗粒饲料已被广泛地用于肉鸭生产中，但如果不能正确地选择和使用，不仅不能发挥饲料的正常效果，反而会带来不必要的损失和浪费。在实际生产中，应按照肉鸭生长的不同时期及不同生理阶段所需的营养标准进行选购饲料。在选购饲料时应注意以下几方面。

（1）看颜色 同品牌同种类的饲料，它的颜色在一定的时期内相对稳定。在选购时应注意，如发现颜色变化过大，就应引起警觉，仔细查看。

（2）闻气味　好的浓缩料应有较纯的鱼腥味，而不是臭味或其他异味。有些劣质饲料为了掩盖一些变质原料发生的霉味而加入较高浓度的香精，因此尽管特别香，但并不一定是好饲料。

（3）看均匀度　正规厂家的优质饲料混合得都是非常均匀的，不会出现分层现象，而劣质饲料因加工设备简陋，饲料混合不均匀，饲料的品质很难保证。从整包的饲料中，用手在不同部位各取一把进行比较，很容易看出区别。

（4）看包装商标　正规厂家包装应是美观整齐，明确注有厂址、电话、适用阶段，并有在工商部门注册的商标。经注册的商标右上方都有"R"标注。

（5）看生产日期　在购买饲料时应看清楚生产日期和保质期，尽管有些饲料是正规厂家生产的优质饲料，但如果超过了保质期，饲料难免会变质，即使保管良好，饲料中维生素等养分的效价也会降低，影响饲养效果。购买饲料还应注意，最好一次购买的饲料在保质期内能喂完。

四、肉鸭的繁殖技术

（一）肉鸭的优良品种

77. 肉鸭的品种如何分类？

　　根据起源可将肉鸭分为地方品种、培育品种和引进品种三类。地方品种是指在当地自然或培育条件下，经长期自然或人为选择形成的品种，对当地自然或培育环境具有较好的适应性，如北京鸭、高邮鸭等；培育品种是指人们有明确目标选择和培育出来的品种，生产性能和育种价值都较高，如北京鸭配套系、天府肉鸭、仙湖肉鸭配套系等；引进品种是我国没有的品种，而为了某种生产目的有意识地从其他国家引入的品种，如樱桃谷鸭、狄高鸭、海格鸭、枫叶鸭、番鸭等。

　　根据经济用途可将鸭品种分为肉用型、蛋用型和兼用型，其中肉用型和兼用型均可作为肉鸭。北京鸭、番鸭、樱桃谷鸭等生长速度快、产肉性能强，属于肉用型品种；高邮鸭、巢湖鸭、靖西大麻鸭等生长速度和产蛋性能介于肉用型和蛋用型之间，而又具备了两者优点，故属于兼用型品种。

78. 我国主要肉鸭品种有哪些？ 各有何特点？

　　家鸭在分类学上属于雁形目、鸭科，是水禽类的代表，对其的驯化已有 3000 年的历史。关于家鸭的起源与演化，历来有两种看法：一种看法认为家鸭是由野生绿头鸭经长期驯养而来，另一种认为是由绿头野鸭（彩图 4-1）和斑嘴鸭（彩图 4-2）在我国不同地区单独驯养，或由绿头野鸭与斑嘴鸭自然杂交的杂种代驯养而来。我国是世界上最早将野鸭驯化为家鸭的国家之一，家鸭的品种资源最为丰富。这些丰富的地方鸭种是我国养鸭业可持续发展的基础，其经济价值不可估量。

我国肉鸭品种除肉用型的北京鸭外，其他都是兼用型品种，主要有高邮鸭、巢湖鸭、靖西大麻鸭等。

(1) 北京鸭 如彩图4-3所示，属肉用型品种，原产于北京西郊玉泉山一带，现已遍布世界各地，在国际养鸭业中占有重要地位。该品种具有生长发育快、育肥性能好的特点，是闻名中外"北京烤鸭"的制作原料。其体形较大而紧凑匀称，头大颈粗，体宽、胸腹深、腿短，体躯呈长方形，前躯高昂，尾羽稍上翘。公鸭有钩状性羽，两翼紧附于体躯，羽毛纯白略带奶油光泽。喙和皮肤橙黄色，蹠、蹼为橘红色。性情驯顺，易肥育，对各种饲养条件均表现出较强的适应性。

成年公鸭体重3.5～4.0千克，母鸭3.1～3.5千克，165～170日龄开始产蛋，年产蛋210～240个，蛋重85～95克，蛋壳白色，种蛋受精率约为90%，受精蛋孵化率约为80%。商品代鸭49日龄体重可达2.4～2.9千克，饲料消耗比1：(2.8～3.3)。

(2) 高邮鸭 如彩图4-4所示，又称高邮麻鸭，属蛋肉兼用型品种，原产江苏省高邮市。高邮鸭善潜水、耐粗饲、适应性强、蛋个头大、蛋质好，且以善产双黄蛋而久负盛名。公鸭体形较大，背阔肩宽，胸深体长呈长方形。头颈上半段羽毛为深孔雀绿色，背、腰、胸为褐色芦花毛，臀部黑色，腹部白色。喙青绿色，蹠、蹼均为橘红色，爪黑色。母鸭全身羽毛褐色，有黑色细小斑点，如麻雀羽；主翼羽蓝黑色；喙豆黑色；虹彩深褐色；胫、蹼灰褐色，爪黑色。

成年公鸭体重2.8～3.5千克，母鸭2.5～3千克。母鸭170～190日龄开产，年产蛋180～200个，蛋重75～85克，蛋壳呈白色或绿色，种蛋受精率在90%以上，受精蛋孵化率为85%。在放牧条件下饲养，70 日龄体重可达 1.5 千克；采用配合饲料饲养，70 日龄体重达 1.8～2.0 千克。

（3）巢湖鸭 如彩图 4-5 所示，属蛋肉兼用型品种，主产于安徽省中部巢湖周围的庐江、巢县、肥西、肥东等县。该品种具有体质健壮、行动敏捷、抗逆性和觅食能力强等特点。体形中等大小，体躯长方形，匀称紧凑。公鸭的头和颈上部羽色墨绿，有光泽，前胸和背腰部羽毛褐色，缀有黑色条斑，腹部白色，尾部黑色。喙黄绿色，虹彩褐色，胫、蹼橘红色，爪黑色。母鸭全身羽毛浅褐色，缀黑色细花纹，称浅麻细花；翼部有蓝绿色镜羽；眼上方有白色或浅黄色的眉纹。

成年公鸭体重 2.1～2.7 千克，母鸭 1.9～2.4 千克。开产日龄为 150～180 天，年产蛋 170～200 个。蛋重 71～83 克，蛋壳有白色、青色两种，其中白色占 87%。种蛋受精率在 92% 以上，孵化率在 88% 以上。采用配合饲料饲养，70 日龄体重可达 1.8～2.2 千克。

（4）靖西大麻鸭 如彩图 4-6 所示，属蛋肉兼用型品种，主产于广西靖西、德保、那坡等县。该品种体形硕大，躯干呈长方形，按照羽色分为三类，即深麻型（马鸭）、浅麻型（凤鸭）和黑白型（乌鸭）。头部羽色分别为乌绿色、细点黑白花、亮绿色，胫、蹼分别为橘红色或褐色、橘黄色、黑褐色。

成年公鸭体重为 2.7 千克，母鸭为 2.5 千克。开产日龄为 130～140 天，平均年产蛋 140～150 个，平均蛋重为 86 克，壳色青、白均有，种蛋受精率约为 91%，受精蛋孵化率约为 88%。放牧加补饲的方式下，70 日龄公鸭体重约为 2.5 千克，母鸭约为 2.4 千克，饲料消耗率为 1∶3.9。

其他兼用型如大余鸭、吉安红毛鸭、淮南麻鸭、沔阳麻鸭、广西小麻鸭饲养量较少。

79. 引进优良肉鸭品种有哪些？ 各有何特点？

除家鸭之外，还有一种瘤头鸭，又名洋鸭、疣鼻栖鸭、麝香鸭，欧洲称为火鸡鸭，统称为番鸭，在动物分类中属栖鸭属，它的野生祖先生活在南美洲的热带丛林中。我国饲养的番鸭，多为经东南亚引进，经长期的驯化饲养，已成为国内重要的肉用型鸭种。

我国引进的优良肉鸭品种主要以樱桃谷鸭、番鸭、狄高鸭、海格鸭等为主。

（1）樱桃谷鸭　如彩图 4-7 所示，属快大型肉鸭品种，由英国樱桃谷农场育成，具有生长速度快、饲料转化率高、抗病力强、肉质好的特点。该品种体形较大，羽毛白色，头大、额宽，喙、胫、蹼呈橙黄色或橘红色，颈粗短，背宽而长，从肩到尾部微斜，胸部较宽深，肌肉发达，脚粗短。

成年公鸭体重 4.0～4.5 千克，母鸭 3.5～4.0 千克。开产日龄 185 天，年平均产蛋量为 210～220 个，种蛋受精率在 90％以上，受精蛋孵化率在 84％以上。商品鸭 47 日龄体重 3.0～3.3 千克，饲料消耗率为 1：（2.6～2.9）。

（2）番鸭　如彩图 4-8 所示，属肉用型品种，原产于南美洲及中美洲热带地区，学名麝香鸭、疣鼻栖鸭，我国称番鸭或洋鸭。番鸭体形前后窄、中间宽，呈纺锤状，站立时体躯与地面呈水平状态。喙短而窄，喙基部和头部两侧有红色或黑色皮瘤，不生长羽毛，雄鸭的皮瘤肥厚展延较宽，头大，颈粗稍短，头顶部有一排纵向长羽，受刺激时竖起呈刷状。腿短而粗壮，胸腿肌肉很发达。翅膀发达，长达尾部，能作短距离飞翔。此外，有少量黑白夹杂的花羽。黑色羽毛带有墨绿色光泽，喙红色有黑斑，皮瘤黑红色，胫、蹼黑色，虹彩浅黄色。白色羽毛鸭喙粉红色，皮瘤鲜红色，胫、蹼橘黄色，虹彩浅灰色。花羽鸭喙红色带有黑斑，皮瘤红色，胫、蹼黑色。

成年公鸭体重 3.5～4.0 千克，母鸭 2.0～2.5 千克。开产日龄 180～210 天，一般两个产蛋期产蛋量为 210 个，蛋重 70～80 克，蛋壳玉白色，种蛋受精率为 85％～94％，受精蛋孵化率为 80％～85％。商品代 70 日龄，公鸭体重达 3.9 千克，母鸭体重达 2.2 千克，饲料消耗率为 1∶(2.9～3.1)。

（3）狄高鸭 是由澳大利亚狄高公司用我国北京鸭选育而成的大型肉用鸭。该鸭具有适应性强、成活率高、生长发育快、早熟、容易育肥等特点，习惯旱地生活，宜圈养，只需充足的饮水即可，适合于丘陵地区饲养。羽毛白色，头大稍长，颈粗短，背长阔，胸宽，体躯稍长，胸肌丰满，尾稍翘起，性指羽 2～4 根。喙黄色，胫、蹼橘红色。

成年鸭体重 3.5 千克，开产日龄 182 天，年产蛋量在 180～220 个，蛋壳白色，种蛋受精率在 90％以上，受精蛋孵化率在 85％左右。49 日龄商品代肉鸭体重 3.0 千克，饲料消耗率达 1∶(2.9～3.0)。

（4）海格鸭 是由丹麦培育的优良肉用鸭品种。该鸭具有肉质好、脂肪较少、适应性强等特点，既能水养，又能旱养，特别是能较好地适应南方夏季炎热的气候条件。海格肉鸭 43～45 天上市体重可达 3.0 千克，肉料比 1∶2.8。

80. 我国培育的肉鸭品种有哪些？ 各有何特点？

我国培育的肉鸭品种有天府肉鸭、仙湖肉鸭配套系等。

（1）天府肉鸭（白羽） 如彩图 4-9 所示，属肉用型品种，由四川农业大学家禽研究室选育而成。其羽毛洁白，喙、胫、蹼呈橙黄色，母鸭随着产蛋日龄的增长，颜色逐渐变浅，甚至出现黑斑。

成年公鸭体重 3.2～3.3 千克、母鸭 2.8～2.9 千克，开产日龄 180～190 天，年产种蛋 230～250 个，蛋重 85～90 克，受精率达 90％以上，受精蛋孵化率为 84％～88％。商品代肉鸭 28 日龄活重 1.6～1.86 千克，饲料消耗率为 1∶(1.8～2.0)；35 日龄活重 2.2～2.37 千克，饲料消耗率 1∶(2.2～2.5)；49 日龄活重 3.0～3.2 千克，饲料消耗率为 1∶(2.7～2.9)。

（2）仙湖肉鸭配套系 如彩图 4-10 所示，是由广东省佛山科学技术学院科研人员经过近 10 年培育而成的肉鸭配套系。该配套系具有生长速度快、瘦肉率高、耗料少、抗病力强、适应性广、上市肉鸭规格整齐等主要特点。仙湖肉鸭配套系成年鸭全身羽毛洁白而紧凑，头大，额宽，颈粗短，体长、背宽，胸部发达，脚短，体躯倾斜度小，几乎与地面平行，喙橙黄色，脚、胫、蹼橘红色。

配套系父系 49 日龄平均体重 3.6 千克，料肉比 2.75：1，年平均产蛋 165 个；母系 49 日龄平均体重 3.5 千克，饲料消耗比为 1：2.87，年平均产蛋 189 个。商品肉鸭 49 日龄平均体重 3.3 千克，饲料消耗比为 1：2.57，上市肉鸭成活率达 98% 以上。

81. 什么叫骡鸭？ 骡鸭有何特点？

骡鸭又称半番鸭，是用栖鸭属的番鸭与河鸭属的家鸭杂交产生的后代，因杂交属于属间杂交，其后代一般都没有繁殖能力，类似于家畜中马和驴的杂交后代产生的骡子，故称为骡鸭。骡鸭一般有以下一些特点。

（1）生长速度快、公鸭之间无明显大小差异 番鸭上市和成年时，公番鸭的体重一般是母番鸭的 1.5 倍，造成番鸭母雏售价低，公、母番鸭难以同时上市，体重悬殊也不利于机械化屠宰。

（2）饲料转化率高，耐粗饲 骡鸭食性广，可采食青绿多汁的饲料，能适应放牧等形式的粗饲。在圈养条件下，饲料转化率也比大型肉鸭好。一般 8 周龄饲料转化率为 1：(2.6～2.8)。

（3）瘦肉率高，肉质鲜美 与樱桃谷鸭、北京鸭相比，骡鸭的胴体脂肪含量低，腹脂少，皮下脂肪层薄，被认为是精肉型的家禽，其胸、腿肌丰厚，脂肪含量比较低。骡鸭肉是加工半干燥休闲食品的上等原料。

（4）抗逆性强，适应性广 骡鸭抗病能力强，具有很强的生活力，便于大规模集约化饲养。饲养方式可以多样化，水养、旱养或者两种结合均可以。圈养、放牧或者两者结合也可以得到很高的效益。在养殖过程中，成活率较高，在 8 周龄可达到 96% 以上。

（5）可用于填肥，生产肥肝 骡鸭耐粗饲、增重快，适用于填肥，能生产优质肥肝，填肥时间短，省饲料，节约成本，可获得较高的利润。

（6）充分利用了亲本的优点　在生产中均采用公番鸭和母家鸭进行杂交，骡鸭获得了亲本番鸭生长速度快、肉质好的优点，同时亲本母家鸭具有繁殖性能高的优点，可以增加骡鸭的数量。

82. 为什么健康养殖要选择优良肉鸭品种？

肉鸭健康养殖是指根据肉鸭的生物学特性，营造一个良好的、有利于其快速生长的饲养环境，通过充足的全价营养饲料，使其在生长发育期间最大限度地减少疾病的发生，使生产的鸭肉无污染、肉质鲜嫩、营养丰富。优良的肉鸭具有生长速度快、饲料转化率高、上市体重大、出肉多、肉品质好、生长周期短、适应性强、抗病力强等特点，可大批量生产，采用全进全出制。健康养殖和优良肉鸭品种两者是相辅相成的，优良肉鸭品种在健康养殖的情况下才能充分发挥其优良的特性；在同样的饲养条件下，如果肉鸭品种不好，会出现容易生病、整齐度差、上市时间不统一、产品质量差等现象，达不到健康养殖的要求。

（二）肉鸭的选种

83. 鸭的生殖生理有何特点？

鸭以体内受精和卵生的方式进行繁殖，胚胎在体外发育。

① 公鸭的生殖生理　公鸭的生殖器官包括睾丸、附睾、输精管及阴茎等。公鸭有两个睾丸，左右对称，似豆状，以睾丸系膜悬挂于肾脏前叶的前下方。未成熟时呈黄色，成熟时因内含大量精子而呈白色，并且较大，过了繁殖季节睾丸变小。睾丸表面精小管之间有间质细胞，能分泌雄性激素。公鸭的附睾小而不明显，被系膜遮盖。输精管是一对弯曲的细管，和输尿管平行，均开口于肛门左侧。公鸭有较发达的阴茎，交配时能勃起。交配时，公鸭一次可射精 0.1～0.7 毫升，含精子 0.28 亿～1.8 亿个。

②母鸭的生殖生理 母鸭的生殖器官包括卵巢、输卵管、子宫和阴道。母鸭只有左侧的卵巢和输卵管能发育成熟,右侧的卵巢和输卵管只存在于胚胎发育早期,以后退化。鸭的卵巢呈葡萄状,含成千上万个卵泡,每个卵泡内含有一个卵细胞,并借一细柄连接在卵巢上。通常只有少数能达到成熟而排卵,快成熟的卵泡突出于卵巢表面。输卵管前端接近于卵巢,后端开口于肛门。输卵管呈弯曲状,管壁较厚,从前至后依次分为漏斗部(喇叭口)、蛋白分泌部(膨大部)、峡部、子宫和阴道5部分。卵细胞(即卵黄)在卵泡内发育成熟后,卵泡柄破裂,卵黄释放,落在漏斗部,与精子完成受精过程。受精卵随输卵管的波状收缩,沿输卵管下行,到达膨大部、峡部、子宫,依次形成蛋白、蛋壳膜、蛋壳,最后经阴道产出。从排卵到蛋产出体外,需24~26小时。

84. 肉鸭选种的原则是什么?

肉鸭选种要选择早期生长速度快、育肥性能好、肉质优良、脂肪沉积适中、繁殖力与适应性强、体型外貌符合鸭品种标准的种鸭。肉鸭在选种前要充分考虑肉用型鸭生产性能优劣的性状指标,这些性状主要包括了早期生长速度、羽毛生长速度、成年体重、饲料转化率、开产日龄、产蛋量、种蛋受精率、受精蛋孵化率等,还需要考虑仔鸭成活率、上市时体重、饲料转化率、屠宰性能方面的指标等。要根据历年记录的主要经济性状指标来衡量种鸭的优劣程度,根据选种目标选优去劣,做好种鸭的选留工作。

85. 怎样选择肉用种母鸭?

肉用种母鸭要选择体形长,头大而宽、圆,喙宽而直,颈粗、中等长,背宽,胸深而突出,腿稍粗短,羽毛丰满光洁,行动迟缓,性情温驯,腹部丰满下垂,耻骨开张,繁殖力强的品种。肉用种母鸭应该选择产蛋性能高的,一般可以根据耻骨间距和羽毛的光泽、色素沉积情况来判断。高产鸭的腹部柔软、容积大,肛门大而湿润,耻骨薄而柔软,耻骨间距有4个手指宽。而低产母鸭腹部硬、无弹性，耻骨间距只有不到 2 指宽。根据羽色光泽和色素沉积情况来判断产蛋性能还受季节性影响，在春季开产不久，高产鸭性腺机能活跃，羽毛有光泽，而到了秋季由于连续的高产，消耗了体内大量养分，体力衰退，羽毛显得零乱，色素消退无光泽。低产鸭在春季就会出现羽毛零乱无光泽现象，在秋季时停产早、换羽早，羽毛换完后显示整齐洁净，体形微胖，但是产蛋性能不高。

86. 怎样选择肉用种公鸭？

肉用种公鸭要选择外貌符合品种特征，体形大，头大、颈粗、眼亮而有神、胸宽、背长而平直，腹平整，腿脚粗壮，蹼大而厚，羽毛整洁，尾部性羽明显且上翘弯曲；健康结实，走路昂头挺胸，步态雄健有力，活跃好动；阴茎发育良好，种公鸭生长速度比较快，体形较大的品种。在交配季节，优秀种公鸭由于长期配种，在外形上会出现羽毛蓬松杂乱等疲惫现象。

由于种公鸭与配的母鸭数较多，往往会影响后代生产性能或使种蛋受精率大幅度降低，所以种公鸭的选择要比种母鸭选择更为重要。选择种公鸭并不能仅仅根据体形外貌，有些种公鸭体形较大，羽色光泽好，但是生理能力差或者生殖器官有问题或者精液品质不好等。饲养这些种公鸭会增加饲料成本，又会干扰其他公鸭的正常配种。在育成阶段要控制好种公鸭的饲养管理，不能将种公鸭饲养过肥，减低种用价值，还会增加成本。在选择种公鸭时，需要检查待选种公鸭的生殖器官是否符合要求。正常的阴茎呈螺旋状，颜色肉红，长达 10～12 厘米，可以通过人工翻肛来查看，及时淘汰阴茎发育不良、畸形以及有疾病的种公鸭。

87. 选种时要考虑哪些经济性状？

（1）体重　肉鸭的最大特点是要求生长速度快，所以肉鸭在选种时要考虑早期的生长速度。这是肉鸭养殖获得较高经济效益必备要求，只有在短期内获得较高的体重才能获得较高的经济效益。成年体重也是需要考虑的因素之一，如果一个肉鸭成年体重不高，那么它在早期的体重也不会增加较多。体重和生长速度是高遗传性的，可以通过选种选配加以提高。一般情况下，体重大的个体成熟时间稍晚，需要消耗的饲料增多；体重小的个体成熟时间早，耗料少，开产早。雏鸭的体重与蛋重呈正比，也就是说蛋重的品种一般雏鸭的体重较大些。不同性别的雏鸭体重之间差异不明显，但是随着日龄增大，公母鸭之间的差距会逐渐拉大，公鸭体重会明显大于母鸭体重，尤其是番鸭，一般公鸭约是母鸭的 1.5 倍。在肉鸭选种时，需要重点考虑早期的生长速度。种鸭在成年时需要适当控制体重，这与繁殖性能有关，如果种鸭过肥会降低公鸭的受精能力和母鸭的产蛋量，还会造成饲料浪费。

（2）饲料转化率 饲料转化率根据生产目的不同计算方法也存在差异。在肉鸭早期生长时，以料肉比来计算饲料转化率，也就是获得单位重量的鸭肉需要消耗多少重量的饲料。在产蛋时期，以料蛋比来计算饲料转化率，就是获得单位重量的蛋需要消耗多少重量的饲料。饲料转化率是肉鸭养殖的一个重要经济指标，在肉鸭养殖过程中饲料费用占据了整个成本的 70% 左右，直接关系到养殖的经济效益。饲料转化率也是一个可以遗传的性状，可以通过选种的方式来提高，途径有两条，一是通过一定时间内提高肉鸭生产性能来提高饲料转化率，主要是提高肉鸭的产肉性能和种鸭的产蛋性能；二是在一定时间内降低饲料的消耗，可以通过改变饲料配方，提高肉鸭对饲料的利用率，同时保持肉鸭的生产性能不变来实现。

（3）繁殖性能 繁殖性能是一个复杂的性状，其遗传力比较低，在选育过程中提高的难度较大，可通过家系选择、同胞选择、后裔测定等方式选择出高产、稳产的公鸭和母鸭。繁殖性能是一个综合指标，包括了开产日龄、年产蛋量、产蛋高峰持续时间、受精率等指标。一般来说，体重较大的肉鸭，开产日龄迟、年产蛋量低、产蛋高峰时间短、受精率低，体重和繁殖性能呈一定的负相关。开产早的个体，一般蛋较小，达不到种蛋的要求，所以应合理处理开产日龄和蛋重的关系。在繁殖性能选择时，需要综合各项指标考虑，特别是开产日龄与产蛋高峰的产蛋率、产蛋持续时间的关系。开产初期的产蛋率高，表示该品种的产蛋高峰来得快。一些高产品种的肉鸭在换羽时可以出现不休产的现象，仍能保持较高的产蛋率。

（4）**生活力** 通常用存活率或死淘率来表示。淘汰、死亡是肉鸭在生产过程中必然出现的现象，直接关系到养殖的经济效益。生活力是低遗传力性状，通过选择难以达到理想的效果，可采用家系选择方法进行选育。对肉鸭生活力的衡量主要包括育雏期成活率、育成期成活率、产蛋期成活率。

（5）**肉用性能** 屠宰性能是肉用鸭的一项重要经济指标，在选种时要选择产肉性能高、屠体结构合理的个体留作种用。在衡量产肉性能时，一般认为肉用性能良好的肉鸭屠宰率、全净膛率分别在85％、70％以上，而且胸肌率、腿肌率也比较高。一般肉鸭品种具有其独特的屠宰重和屠体结构，具有中等水平的遗传性，可以通过全同胞和半同胞的选育方法进行选育获得较快的改良。腹脂率、瘦肉率和皮脂率也是肉鸭屠宰性能中需要测定的指标，如果腹脂率、皮脂率过高会降低饲料转化率，缩小养殖利润，还会影响鸭肉的品质以及造成肉鸭深加工过程中副产品过多。

（6）**肉品质** 肉品质包括常规的肉品质量和肌肉中营养成分含量。常规肉品质量包括了肌嫩度、酸碱度、失水力和肉色。肌肉中营养成分含量包括了粗蛋白含量、肌内脂肪含量、肌苷酸含量、各种氨基酸含量、肌肉纤维直径和密度等指标，这些指标会影响肌肉的品质和烹饪后的口感。不同品种鸭肌肉品质差异较大，通过选种选育提高的难度较大，一般采用杂交的方式从父母本中获得遗传。

（7）**蛋品质** 这个性状包括了蛋壳强度、蛋形指数、畸形率等，可以影响种蛋的受精率、孵化率等指标，是种用肉鸭的一个重要指标，也是低遗传力性状，难以选择。

88. 肉鸭经济性状的测定方法是什么？

肉鸭的经济性状测定方法主要可以参照中华人民共和国农业行

业标准 NY/T 823—2004，根据国标可以将肉种鸭分为育雏期（0～4 周龄）、育成期（5～25 周龄）、产蛋期（25～64 周龄）三个时期，有些品种存在特殊性，育成期会稍微短几周，产蛋期相应前移。不同时期需要测定不同的指标，测定和计算方法如下。

（1）体重 初生重是指鸭出雏后 24 小时内的重量，单位为克，随机抽取 50 只以上，个体称重后计算平均值。

活重是指断食 6 小时的重量，单位为克。前期测定可在育雏期末和育成期末进行，根据测定目的可以适当增加测定次数；成年体重是指 44 周龄的体重。在测定活重时，每次至少随机抽取公、母鸭各 30 只进行称重，然后计算平均值。如果有必要还可以增加测定产蛋前期、产蛋高峰、产蛋后期的体重。

（2）饲料转化率

肉用仔鸭饲料转化率＝全程消耗饲料总量（千克）÷总增重（千克）

每个种蛋耗料量＝初生到产蛋末期总耗料（包括种公鸭）÷总合格种蛋数

育雏期、育成（育肥）期、产蛋期分别统计平均每只日耗料量，计算公式为：

平均每只鸭日耗料量＝全期耗料÷饲养只数÷饲养天数

（3）繁殖性能 开产日龄是指肉种鸭群体产蛋率达 5％时的日龄。

产蛋数是指母鸭在统计期内的产蛋个数，可以分为入舍母鸭产蛋数和母鸭饲养日产蛋数。

入舍母鸭产蛋数（个）＝统计期内的总产蛋数÷入舍母鸭数

母鸭饲养日产蛋数＝统计期内的总产蛋数÷平均日饲养母鸭只数＝统计期内的总产蛋数÷（统计期内累加日饲养只数÷统计期日数）

产蛋率是指母鸭在统计期的产蛋百分比，可以分为饲养日产蛋率、入舍母鸭产蛋率、高峰产蛋率。

饲养日产蛋率(%)＝统计期内的总产蛋数÷实际饲养日母鸭只数的累加数×100

入舍母鸭产蛋率(%)＝统计期内的总产蛋数÷(入舍母鸭数×统计日数)×100

高峰产蛋率指产蛋期内最高周平均产蛋率。蛋重分为平均蛋重和总产蛋重量。平均蛋重：个体记录每只母鸭连续称3个以上的蛋重，求平均值；群体记录连续称3天产蛋总重，求平均值；大型种鸭场按日产蛋量的2%以上称蛋重，求平均值，以克为单位。

总产蛋重量＝平均蛋重×平均产蛋量

种蛋合格率指种鸭所产符合本品种、品系要求的种蛋数占产蛋总数的百分比。

种蛋合格率(%)＝合格种蛋数÷产蛋总数×100

受精率指受精蛋占入孵蛋的百分比。血圈、血线蛋按受精蛋计数；散黄蛋按未受精蛋计数。

受精率(%)＝受精蛋数÷入孵蛋数×100

受精蛋孵化率指出雏数占受精蛋数的百分比。

受精蛋孵化率(%)＝出雏数÷受精蛋数×100

入孵蛋孵化率指出雏数占入孵蛋数的百分比。

入孵蛋孵化率(%)＝出雏数÷入孵蛋数×100

健雏率指健康雏鸭数占出雏数的百分比。健雏指适时出雏，绒毛正常，脐部愈合良好，精神活泼，无畸形者。

健雏率(%)＝健雏数÷出雏数×100

种母鸭产种蛋数指每只种母鸭在规定的生产周期内所产符合本品种、品系要求的种蛋数。

种母鸭提供健雏数指每只入舍种母鸭在规定生产周期内提供的健雏数。

(4) 存活率 育雏期存活率指育雏期末合格雏鸭数占入舍雏鸭数的百分比。

育雏率（％）＝育雏期末合格雏鸭数÷入舍雏鸭数×100

育成期存活率指育成期末合格育成鸭数占育雏期末入舍雏鸭数的百分比。

育成期存活率（％）＝育成期末合格育成鸭数÷育雏期末入舍雏鸭数×100

母鸭存活率指入舍母鸭数（只）减去死亡数和淘汰数后的存活数占入舍母鸭数的百分比。

母鸭存活率（％）＝［入舍母鸭数－（死亡数＋淘汰数）］÷入舍母鸭数×100

（5）肉用性能　宰前体重：鸭宰前禁食6小时后称活重，以克为单位记录。

屠体重指放血，去羽毛、脚角质层、趾壳和喙壳后的重量。

屠宰率（％）＝屠体重÷宰前体重×100

半净膛重指屠体去除气管、食道、嗉囊、肠、脾、胰、胆和生殖器官、肌胃内容物及角质膜后的重量。

半净膛率（％）＝半净膛重÷宰前体重×100

全净膛重指半净膛重减去心、肝、腺胃、肌胃、腹脂的重量。

全净膛率（％）＝全净膛重÷宰前体重×100

胸肌重指沿着胸骨脊切开皮肤并向背部剥离，用刀切离附着于胸骨脊侧面的肌肉和肩胛部肌腱，并去除皮的胸肌重量。

胸肌率（％）＝两侧胸肌重÷全净膛重×100

腿肌率指去除腿骨、皮肤、皮下脂肪后的全部腿肌的重量。

腿肌率（％）＝两侧腿净肌肉重÷全净膛重×100

腹脂指腹部脂肪和肌胃周围的脂肪。

腹脂率（％）＝腹脂重÷（全净膛重＋腹脂重）×100

瘦肉重指两侧胸肌和两侧腿肌重量。

瘦肉率（％）＝两侧胸肌、腿肌重÷全净膛重×100

皮脂重指皮、皮下脂肪和腹脂重量。

皮脂率（％）＝（皮重＋皮下脂肪重＋腹脂重）÷全净膛重×100

（6）肉品质

① 剪切力（嫩度） 取新鲜胸肌与腿肌各一块，沿肌纤维方向修成宽 1 厘米、厚 0.5 厘米长条肉样（无筋腱、脂肪、肌膜），随即用 C-LM2 型肌肉嫩度仪测定剪切力值，每个肉样剪切三次，计算平均值。

② 系水力（土壤膨胀压缩仪压挤法） 取新鲜胸肌与腿肌各 1～1.5 克（W_1）（保留四位小数），将肉样置于上下各垫 12 层滤纸、滤纸外层各放一块硬质塑料板，然后置于压缩仪平台上，加压 343 牛顿（进程为 2.802），并保持 5 分钟，撤出压力后立即称量肉样重（W_2）（保留四位小数），按如下公式计算：

$$失水率(\%)=[(W_1-W_2)/W_1]\times100$$

③ 肉色 取新鲜胸肌与腿肌肌肉 5 克（无筋腱、脂肪），剪碎，置匀浆管内，立即加蒸馏水 10 毫升，匀浆 10 分钟，随后将全部匀浆物移入离心管，3000 转/分离心 10 分钟，取上清液在 751 分光光度计 540 纳米处记录 OD 值。

④ 酸碱度 取部分肉色测定中提取的上清液，用酸度计测定。

（7）蛋品质 蛋品质指在 44 周龄测定蛋重的同时，进行下列指标测定。测定应在蛋产出后 24 小时内进行，每项指标测定蛋数不少于 30 个。

① 蛋形指数 用游标卡尺测量蛋的纵径和横径。以毫米为单位，精确度为 0.1 毫米。

蛋形指数＝纵径÷横径

② 蛋壳强度 将蛋垂直放在蛋壳强度测定仪上，钝端向上，测定蛋壳表面单位面积上承受的压力，单位为千克每平方厘米。

③ 蛋壳厚度 用蛋壳厚度测定仪测定，分别取钝端、中部、锐端的蛋壳剔除内壳膜后，测量厚度，求其平均值。以毫米为单位，精确到 0.01 毫米。

④ 蛋的密度 用盐水漂浮法测定。测定蛋密度溶液的配制与分级：在 1000 毫升水中加氯化钠 68 克，定为 0 级，以后每增加一

级，累加氯化钠 4 克，然后用比重法对所配溶液进行校正。蛋的级别密度见表 4-1。

表 4-1　蛋密度分级

级别	0	1	2	3	4	5	6	7	8
相对密度	1.068	1.072	1.076	1.080	1.084	1.088	1.092	1.096	1.100

从 0 级开始，将蛋逐级放入配制好的盐水中，漂浮在盐水中间的最小盐水密度级，为该蛋的级别。

⑤ 蛋黄色泽　按罗氏蛋黄比色扇的 30 个蛋黄色泽等级对比分级，统计各级的数量与百分比，求平均值。

蛋壳色泽以白色、浅褐色（粉色）、褐色、深褐色、青（绿色）色等表示。

⑥ 哈氏单位　取产出 24 小时内的蛋，称蛋重。破壳后倒在平板玻璃上，测量蛋黄边缘与浓蛋白边缘的中点的浓蛋白高度（避开系带），测量成正三角形的三个点，取平均值。哈氏单位＝$100\lg(H-1.7W^{0.37}+7.57)$，式中，$H$ 是以毫米为单位测量的浓蛋白高度值；W 是以克为单位测量的蛋重。

⑦ 血斑和肉斑率　统计含有血斑和肉斑蛋的百分比，测定数不少于 100 个。

血斑和肉斑率（％）＝带血斑和肉斑蛋数÷测定总蛋数×100

蛋黄比率（％）＝蛋黄重÷蛋重×100

89. 什么叫杂交优势？ 怎样利用杂交优势？

杂交优势是指不同种群（品种、品系或同属不同种）的鸭之间杂交所产生的后代，往往在生活力、生长发育速度、产肉性能、繁殖性能、饲料转化率等方面表现在一定程度上优于其亲本纯繁后代的现象。杂交优势的利用已被广泛运用于提高肉鸭生产性能中。杂交优势的大小主要取决于杂交所用亲本的质量以及杂交组合是否恰当等，同时还受到饲养管理水平和环境等因素的影响。所以并不是所有的杂交都会产生杂交优势。

杂交优势的利用是一个系统的综合措施。首先，杂交亲本的选优与提纯是杂交优势利用中的重要环节，亲本选育提纯效果越好，杂交优势就越明显；其次，杂交亲本的选择，父本选择生长速度快、饲料利用率高、肉品质好的种群，母本往往选择数量多、适应性强、繁殖性能高的种群；第三，杂交效果的预估，不同种群间杂交效果好坏差异较大，只有通过配合力测定才能准确度量，但是配合力测定费钱费时，为了减少不必要的损失，往往会预估效果，将一些杂交效果差的组合排除；第四，配合力测定，是种群间通过杂交能够获得的杂种优势程度；最后，杂种的培育，杂种优势的表现与其所处饲养环境有着密切的关系，应该给予杂种适宜的饲养管理条件，确保杂交优势充分表现出来。

杂交的方式主要有单杂交、三元杂交、轮回杂交、双杂交和顶交。单杂交就是利用两个种群进行杂交；三元杂交是先用两个种群杂交，产生在繁殖性方面具有明显杂种优势母鸭，再与第三个种群公鸭进行杂交；轮回杂交是用两个或两个以上的种群逐代轮流杂交，各世代的种母鸭留取一定量作为种用，其他杂交母鸭和全部公鸭都作经济利用；双杂交是指两个品种杂交产生的杂种作父本，另两个品种杂交产生的杂种作母本，将两个单杂交种之间再进行一次杂交，所得的后代作为经济利用；顶交是指近交系的公鸭与无亲缘关系的非近交系的母鸭进行杂交。

90. 肉种鸭能利用多少年？ 如何调整种鸭群结构？

肉种鸭的利用年限既要考虑种鸭的产蛋率和种蛋、雏鸭的质量，又要考虑育雏、育成以及产蛋期的成本投入，也要考虑市场的需求和供给、价格等因素。综合各种因素，肉用种公鸭的配种年限一般为1~2年，肉用种母鸭的利用年限一般为2~3年。种母鸭第一年产蛋量最高，第二年下降10%~15%，第三年再下降15%~25%，三年以上母鸭所产的蛋受精率和孵化率显著降低，雏鸭发育不好，死亡率也高，育种鸭群的使用年限可根据育种需要适当延长，不受上述限制。

由于一岁龄的种公鸭体质健壮、精力旺盛、受精率高，所以种公鸭群中一岁龄的比例较高，可达到70%以上，其余为优秀的两岁龄的老鸭。母鸭群体结构因饲养方式不同可分为两种，一种是圈养模式群体结构，组成为：一岁龄母鸭占60%，二岁龄母鸭占38%，三岁龄母鸭占2%；另外一种是放牧模式群体结构，组成为：一岁龄母鸭25%～30%，二岁龄母鸭60%～70%，三岁龄母鸭5%～10%，这种结构有利于放牧管理，可以利用老鸭带领新鸭，鸭群易听从指挥，管理方便，产量稳定，种蛋合格率高。无论采取何种方式进行饲养，每个产蛋年结束后都应对鸭群进行严格选择淘汰，将一些种用价值低的母鸭进行淘汰，补充年轻母鸭以保证下个产蛋年的产蛋量稳定。

91. 怎样有效防止优良肉鸭种的退化？

一个优良的品种如果没有有目的地人为控制选择，就容易受到自然选择的作用，使群体向不同的方向发展，导致品种退化。为了保持品种的优良特性，防止品种退化，可采取以下措施。

（1）加强选种选配工作 选种就是根据人们的要求有目的地选留公、母鸭留作种用，把一些不良个体淘汰。选配就是有计划地安排公、母鸭配对产生优良的后代。选种是育种的基本技术措施，选配是控制改良后代品质的一种强有力手段，两者是相互联系、相互促进。选种是选配的基础和先决条件，只有经过正确的选种，才能进行合理的选配；只有经过选配才能验证选种是否正确。所以，只有加强选种和选配工作，才能不断提高品种质量，防止退化。

（2）开展品系繁育 在育种实践中，品系繁育是培育品系和提高现有品种性能的一项重要措施。通常情况下，一个品种中总会存在一些优秀的个体，通过品系繁育可以增加优秀个体的规模，增大优秀品系所占的百分比，从而提高整个品种的质量。品种内可以建立多个不同特点的品系，增加了品种内部的多样性，保持品种的生活力，提高品种对不良环境的抵抗能力。另外，通过品系间杂交，可以产生具高度经济价值的商品群和育成新品种。

（3）不断进行血缘更新 由于品种保存规模有限，长期闭锁繁育会增加群体的近交程度，导致品种退化。此时，就需要从其他无血缘的同品种、同品质的公鸭或者母鸭引进血缘，更新改变原有群体的血缘，缓减近交系数增加的速度。

（4）改善饲养管理条件　通过改善饲养管理条件满足公母鸭生长发育的要求，充分发挥品种性状的潜力，减轻环境带来的不利影响，提高品种性能。否则，就会使品种繁育的后代受到遗传和环境的影响，导致品种退化。

92. 怎样进行肉种鸭的选配？

肉种鸭的选配是指有计划地决定公母鸭的配对，使之产生优良的后代。通过性状相似的公、母鸭相配可以保持和巩固优良品种的性状；如果选配双方的性状差异较大，通过选配产生的后代可以产生更优异的性能或出现新的性状；选配可以使得好的变异固定下来，经过长期的选育，好性状会表现突出，形成新的品种或品系。一般分为同质选配、异质选配和随机交配。

（1）同质选配　同质选配就是选择性状相同、性能表现一致的优秀公、母鸭进行配种，以期获得与亲代品质相似的优秀后代。此方法多用于遗传力高的性状，并以一个性状为主的选配，效果较好。这种方法能较好地巩固和保持优良性状，使群体趋于同质化。同质选配一般用于保持肉种鸭群中有价值的性状，增加群体的纯合性。

（2）异质选配　异质选配是选用不同品质的公母鸭进行交配的方式。一种是选用具有不同优异性状的公母鸭配种，以期获得兼有双亲不同优点的后代。例如，选用产肉性能高的公鸭和繁殖性能好的母鸭进行配种，获得的后代在产肉性能和繁殖性能方面都有很好的表现。还有一种情况是选择相同性状但优劣程度不同的公母鸭配种，以达到以优改劣，使得后代性能有较大的改进和提高。例如，以产肉性能高的肉鸭来改良一些兼用型的鸭，使得兼用型鸭的产肉性能得以提高。

（3）**随机交配**　随机交配是指鸭群内所有个体之间随机交配，公母鸭之间交配概率均等，这种交配方式一般后代群体的遗传结构不变，适用于保存品种资源，需要群体规模较大。如果群体规模较小就会出现近交现象，导致种群衰退。

（三）内种鸭的人工授精

93. 肉种鸭的配种方法有哪些？

肉种鸭的配种方法分为自然交配和人工授精两种，自然交配又可分为大群配种、小群配种、同雌异雄轮换配种、人工辅助配种等。

（1）**大群配种**　此类方法是在母鸭群中放入一定比例的公鸭，使每只公鸭随机与母鸭交配。这种方法适用于大群繁殖，无需知道雏鸭的具体亲本。大群配种方法群体规模可大可小。一般都是用当年的公鸭作为种用，其性机能旺盛，精液品质好，可以提高种蛋受精率。

（2）**小群配种**　也可称为单间配种，在这个群体中一般是一只公鸭配对数只母鸭，产生的后代个体均为公鸭的后代，此方法适用于育种场。为了弄清楚后代的亲本，单独的小间都配备了自闭产蛋箱，这种方式会造成窝外蛋较多。如果在生产中，一旦公鸭精液品质不好，会造成整个小群群体的种蛋受精率很低。

（3）**同雌异雄轮换配种**　此方法多用于配种组合或父系家系以及进行后裔测定，可消除母鸭对后代生产性能的影响。配种开始时，按照公母鸭自然交配的比例将公鸭混入母鸭群中配种，收集到足够的种蛋，将公鸭抓走；将第二只公鸭放入母鸭群体中，使得公、母鸭逐渐适应对方，并在10天后收集第二只公鸭后代的种蛋，这样就可以产生母鸭与两只公鸭后代。如果需要与多只公鸭配种，可以依次类推。

（4）**个体控制配种**　在笼养种鸭的情况下，可以采用此种方法，将性欲旺盛的公鸭抓到母鸭笼内，待配种完成后，再将公鸭转移到另外一只母鸭笼中，以此类推完成多只母鸭的配种工作。此方法需要人为干预控制，劳动强度大。

（5）人工授精技术配种 人工授精可以提高公鸭的配种数量，确保精液品质和输入精液中有效精子数量。此方法需要专职人员完成整个人工授精过程，技术含量高，劳动强度大。

94. 肉种鸭适宜的配种年龄和公母比是多少？

（1）公、母鸭在育成期时 为了降低性腺的发育速度，一般采用限制饲养，根据鸭的发育情况采取相应的饲养管理，这是提高公、母鸭种用价值的有效措施。如果公鸭配种过早，不仅会影响自身的体成熟，出现早衰，精液品质不好，影响种蛋的受精率，而且如果发育、交配过早也会缩短种鸭的使用年限，后代个体的质量、产肉性能、生活力、繁殖力都会大幅度下降。如果母鸭配种过早，同样也会影响自身的体成熟，出现早衰、所产种蛋不符合孵化要求、高峰持续时间短、提前停产等现象；如果配种过迟，推迟了繁殖期，浪费饲料。具体的配种时间还应根据品种的特点、个体生长发育和健康状况进行综合判定。种公鸭约160日龄达到性成熟，种母鸭性成熟日龄为165～190日龄，所以种公鸭饲养应该比种母鸭提前20天左右。一般母鸭可全年产蛋，年产蛋量170～230个，番鸭有2个产蛋期，第一个产蛋期为26～50周龄、第二个产蛋期为60～84周龄。基本无抱性。

（2）公母比例 适当的公、母比例，可以保证较高的种蛋受精率，还可以减少因饲养公鸭过多造成的饲养成本的增加，公鸭过多会引起相互之间的争斗和干扰配种，降低受精率，严重时会造成公鸭丧失种用价值或者死亡。公鸭过少，公鸭的配种负担重，导致精液品质下降，降低受精率，还会造成部分母鸭漏配现象。在放牧条件下，肉种鸭公母比例一般为1：（8～10）；圈养条件下，肉种鸭公母比例一般为1：（4～8）。如果肉种鸭体形较大，可适当增大公母比例。

95. 肉种鸭采用何种配种方法受精效果更好?

在诸多的配种方法中,大群配种的受精效果更好。在大群配种中,适宜的公、母比例可以确保每只母鸭都可以被配种,不同的公鸭可以在不同的时间与同一只母鸭发生交配,可以有效防止某些公鸭种用性能低达不到理想受精效果的现象发生。大群配种都是原精液配种,不会出现人工授精过程中精液在外界环境中存放时间长、稀释、受到污染等现象;在人工授精过程中,由于技术人员不熟练,会出现不当的采精和输精过程,这会对种鸭造成伤害,降低鸭的种用性能,影响受精效果。

96. 什么是肉种鸭的人工授精技术? 有何优点?

肉种鸭的人工授精技术就是利用背腹式按摩采精法人为地刺激公鸭的性兴奋获得精液,经过品质检查、稀释、保存等处理后,再用器械把精液输送到母鸭输精管开口处,以获得受精蛋的一种配种方法。人工授精技术优点为:

(1)可提高种公鸭的配种效能,在自然交配中,肉鸭的公母比例为1:(4~8),采用人工授精技术时公母比例可达1:(10~20),这样就可以大幅度减少公鸭的饲养量,节约饲料,降低生产成本。

(2)加快品种改良,对于优秀的种公鸭,采用人工授精技术可以大大增加与配母鸭的数量,提高了优良基因遗传给后代的数量。

(3)采用人工授精,可以确保每只母鸭都有均等的配种机会,而且每次配种均能保证良好的精液来源,与自然交配相比受精率会提高。

(4)防止生殖疾病的传播,人工授精通过定期检查公母鸭的体况,对造成疾病传播的种鸭及时淘汰,容易控制疾病传播。

(5)克服公母鸭因体格大小差异难以交配或生殖道某些异常不易受精的困难,对于一些受伤的公鸭,在自然交配无法进行时,利用人工授精技术可以继续发挥该公鸭的作用。

(6)减少种鸭死亡,公鸭具有好斗性,在自然交配条件下,公鸭会为了争取配种权，常常相互啄斗、打架，造成伤亡，采用人工授精技术使公鸭之间没有机会接触，减少了争斗伤亡，提高了公鸭的成活率。

97. 人工授精需要哪些基本设备？

鸭的人工授精技术需要准备毛剪、采精杯、刻度试管、小试管、试管架、保温杯、胶塞、水温计、玻璃吸管、注射器、胶用手套、医用棉花、纱布、毛巾、载玻片、烘干箱、水浴锅、纯化水、生理盐水（0.9％的氯化钠溶液）、75％酒精、0.5％龙胆紫、输精管、显微镜等设备。

98. 人工采精具体操作程序是怎样的？

在采精前对公鸭、母鸭进行分群饲养和训练。分群饲养可以加强种公鸭的饲养管理和增加饲料中蛋白质含量，提高精液品质。在正式采精前需要对公鸭进行训练，将性欲强、精液品质好的公鸭挑选出来，用剪刀剪去公鸭肛门周围的羽毛。一般公鸭需要10～15天的训练时间，有些公鸭训练的效果较快，可能3～5天即可采到精液。将人工授精器材清洗、消毒、烘干备用。

公鸭的采精可以两个人进行，采用背腹式按摩采精法，其中一人保定、一人进行采精操作。保定者将公鸭两腿分开，呈自然站立姿势，鸭头可轻压于保定者左腋下，鸭尾朝向采精者。采精者用右手从翅膀的基部沿着背部向尾部方向滑动按摩，并增加坐骨部的按摩次数；同时左手掌心轻轻托在公鸭的腹部。经过10～20次按摩后，公鸭会有反射性表现，尾巴向上翘，此时可挤压公鸭的坐骨部，左手有节奏地按摩腹部使阴茎勃起。在阴茎勃起的瞬间，采精者左手拇指和食指从尾部移向肛门背部，并轻轻挤压肛门的背侧，这样阴茎勃起射精，使得生殖器外翻。采精者翻转左手，用夹在无名指和小指之间的采集杯贴往向外翻的阴茎收集外流的精液。在公鸭排精时，右手有节奏地反复挤压和放松肛门基部，直至公鸭不排精或精液变稀为止。对于一些大型的肉鸭则需要三人配合，一人负责保定，一人负责按摩，第三人负责收集精液。采精操作过程同两人采精法。

99. 如何进行公鸭精液品质的检查？

精液品质的检查是通过对精液本身各项生理指标的检查来综合评价精液的品质好坏，了解种公鸭的种用性能以及精液在稀释、保存和运输等过程中品质是否发生变化，以确保人工授精的效果。精液品质的评价指标很多，日常生产中通常用精液量、外观、密度、活力和畸形率等指标来评价。

（1）采精量 采精量与鸭的品种、日龄、生理状况、采精频率、采精者的技术熟练程度和饲养管理水平有着密切的关系。采精量可以用有刻度的集精杯或者刻度吸管直接测量。鸭的采精量一般在 0.1～1.7 毫升之间，平均采精量在 0.4 毫升左右。

（2）外观 正常精液的颜色为乳白色、不透明的乳状液体。若颜色异常则说明精液受到了其他物质的污染，粪便污染的精液颜色为黄褐色，血液污染的为粉红色，尿酸盐污染的为白色絮状物，透明液过多的为水渍状。一旦发现精液颜色异常则表示该精液不能用于人工授精。正常精液颜色的深浅还与精子密度有关，精子密度越高乳白色越浓，精子密度低则颜色变浅。正常精液是略带有腥味的。

（3）精子密度 精子密度是指单位体积（1毫升）精液内所含有精子的数目，是评定精液品质的重要指标之一。

① 密度估测法 将一滴精液置于干净的载玻片上，加盖盖玻片，放于显微镜下 300～400 倍观察，根据镜头中精子的分布情况分为密、中、稀三个等级。

密：精子间的间隙小于 1 个精子大小；中：精子间的间隙可以容下 1～2 个精子大小；稀：精子间的间隙稀疏（图 4-1）。

这种方法能大致估计精子的密度，主观性强，误差较大。

② 血细胞计数板法 为了更准确地求出精子密度，可采用血

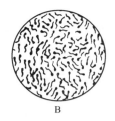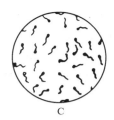

图 4-1　精子密度

A 为密；B 为中；C 为稀

细胞计数法测定精液中精子的浓度。步骤如下（图4-2）：用3％的氯化钠溶液对精液进行稀释并杀死精子，摇匀放置 2～3 分钟，用吸管吸取精液在计数板盖玻片上下各滴 1/2 滴，滴入血细胞计数板静置 2～3 分钟，于显微镜 300～400 倍下观察，进行计数。一般挑选血细胞计数板上对角线的 5 个中方格或者 4 个角加中间共 5 个中方格进行精子计数。运用公式计算精子的总数：1 毫升精液的精子总数＝5 个中方格精子数×5（共 25 个中方格）×10（计数室方格高度）×200（稀释倍数）×1000（1 毫升等于 1000 立方毫米）。

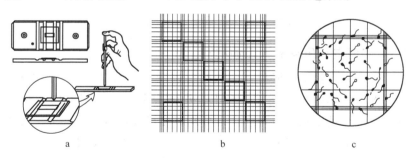

图 4-2　血细胞计数板测定精子浓度法

a—稀释后的精液通过吸管滴入计数室。b—血细胞计数板的计算方格，一般有 2 种计算方法，一是由红方格表示的对角线上的 5 个中方格；二是由蓝方格表示的 4 个角和 1 个中心共 5 个中方格。c——一个中方格中精子计算方法。对于压线的精子，以精子头部为准，采用"上计下不计，左计右不计"的方法计数

（4）**活力** 活力是指呈直线运动的精子在所有精子里所占的比例，圈运动或原地摆动的精子不具有受精能力。精子活力对种蛋受精率影响较大，只有活力高的精子进入母鸭输卵管，到达漏斗部才能完成卵子的受精。精子活力的测定需要借助显微镜的作用。采精后取精液或者稀释后的精液，在37℃条件下，用平板压片法观察200～400倍显微镜下精子的活力。一般用显微镜下呈直线运动的精子数（具有受精能力）所占比例进行分级，分为1、0.9、0.8、0.7、0.6、……级。良好的鸭精子活力应不低于0.7。

（5）**畸形率检查** 取1滴原精液滴于载玻片上，以另一载玻片的顶端呈45°角，抵于精液滴上，精液呈条状分布在两个载玻片接触边缘之间，自右向左移动，将精液均匀涂抹于载玻片上，在空气中自然晾干。置于95％酒精中固定1～2分钟，水洗晾干。再用0.5％龙胆紫溶液（或红、蓝墨水）染色3分钟，水洗干燥后在400～600倍显微镜下镜检。查数不同视野的500个精子，计算出其中所含的畸形精子数，求出畸形精子百分率。

畸形精子主要有以下几种：尾部盘绕、断尾、无尾、盘绕头、钩状头、小头、破裂头、钝头、膨胀头、气球头、丝状中段。

100. 如何进行母鸭的人工输精？

母鸭人工输精一般需要2人配合进行，一人保定，一人输精。保定人员将母鸭固定在输精台上，母鸭腹部向上，尾朝向输精人员。保定人员以双手拇指和食指分别握住母鸭左右腿，其余三指伸直，置于母鸭的肛门两侧并压迫腹部。输精员右手拿吸了精液的输精器，左手拇指在母鸭肛门上方近尾侧处轻轻向下按压，肛门即向外翻出，露出两孔。然后，将输精器插入左侧孔（输卵管开口）内约3厘米，缓缓注入精液。同时保定人员慢慢松手，输卵管开口即可慢慢缩回肛门，输精结束。

采用原精液输精时，一般每只鸭用0.05毫升，用稀释的新鲜精液输精一般为0.1毫升，不管是原精液输精或是稀释精液输精，应输入有效精子数 6000 万～8000 万个。鸭的输精时间应安排在大多数母鸭产蛋以后进行，如果子宫中有硬壳蛋会影响输精后精子通过，无法到达贮精囊，而被蛋带出体外。母鸭产蛋一般集中在夜间，也有些会稍迟，出现在上午，所以输精时间一般控制在 9：00～14：00 之间。母鸭输精以 5～7 天输精一次比较适宜，输精间隔时间短，增加了工作量，浪费精液；输精间隔时间长，种蛋受精率下降。据统计，母鸭输精间隔时间为 7～8 天，鸭蛋的受精率为 57%～62%，当间隔时间为 5～6 天时，种蛋受精率为 75%～78%。

101. 在开展人工授精时需要注意哪些事项？

在开展人工授精时应注意以下几方面：

（1）选来自优良品种的鸭群，公鸭应是健康、发育良好、经检查生殖器发育正常的个体。

（2）采精前应进行采精训练，让公鸭熟悉环境并建立条件反射。采精场所要安静、固定，采精人员要相对固定，采精时按摩用力的轻重度要适当，有利于公鸭形成性反射容易采集到精液，并保证精液量。

（3）采精按摩时，易发生公鸭排粪现象，因此要防止采精杯被污染，只有当公鸭快射精时才将采精杯靠近肛门，一旦精液被严重污染就应该丢弃。

（4）公鸭排精时，要用手捏紧肛门两侧，不得放松，否则精液排出不完全，影响采精量。

（5）合理的采精频率，并加强饲养管理。

（6）注意精液温度，一般控制在 32℃左右，防止冷刺激。

（7）在输精时，输精器需对准输卵管开口中央，轻轻插入，插入深度约为 3 厘米，插入太深会刮伤输卵管，插入太浅精液会流出，达不到输精的效果。

（8）输精人员和翻肛人员要密切配合，当输精器插入后开始输精时，翻肛人员应立刻解除对母鸭腹部的压力，保证精液被吸入输卵管。

（9）合理安排输精频率和每次输精时间。

（10）人工授精所用器械每次使用前均应严格消毒，输精器应尽量做到每只母鸭一个或者一只公鸭与配的母鸭一个，防止相互感染。

102. 影响种蛋受精率的因素有哪些？

（1）气候、饲料营养成分、种公鸭日龄等因素对种公鸭的精液品质有影响，精液品质不合格是影响受精率的主要因素。当精液中精子密度过低，即使射精量高，也无法获得足够的精子数量；精子活力低，死精和畸形精子多，有效精子含量少，这些因素均会影响种蛋的受精率。

（2）一些母鸭由于生理原因或疾病原因也会影响种蛋受精率，对于此类母鸭要进行治疗或者淘汰。

（3）如果是采用人工授精，由于采精时精液被血、粪等污染会降低精子活力。精液稀释的方法、倍数，精液保存温度、时间，输入有效精子数，输精时间、间隔、输精的位置和深度，翻肛与输精技术的熟练程度和准确性等因素均会影响种蛋的受精率。

103. 提高种蛋受精率的关键技术是什么？

（1）在日常饲养管理中，尤其是育成期间，一定要对公、母鸭进行限制饲养，控制好种鸭的体重。

（2）适当促进种鸭的运动，增强种鸭的体质，主要是针对圈养的种鸭，放牧的种鸭一般不存在运动量少的现象。

（3）科学控制好公、母鸭的比例，确保每只母鸭均有机会获得有效的精子，这是保证种蛋受精率的直接因素。在收集种蛋前一段时间就应将公、母鸭进行合群，让其有适应的过程。

（4）控制好种鸭的使用年限，尤其是种公鸭的年限，年轻种公鸭精子活力高。

（5）在母鸭进入开产期时，采取科学的饲养管理措施，调整饲料为产蛋鸭饲料，特别是一些微量元素和维生素的需要量，应满足公、母鸭繁殖需要。

（6）严格控制好种鸭的健康状况，及时治疗或淘汰存有生殖系统疾病的个体。

（7）鸭的交配一般发生在水面上，适宜的水面可以为鸭交配提供良好的环境，确保交配成功，提高受精率。

104. 蛋的组成与形成过程是怎样的？

（1）蛋的组成　蛋从外向内主要由蛋壳、蛋白和蛋黄三部分构成。一般鸭蛋重 60～80 克，其中蛋黄约占 32％、蛋白约占 56％、蛋壳约占 12％。不同品种鸭蛋在结构与营养成分上大致相同。

蛋壳包括了外蛋壳膜、石灰质蛋壳、内蛋壳膜和蛋白膜，无机物占 94％～97％，剩余部分为有机物，有机物主要为蛋白质，属于胶原蛋白。蛋壳上有许多微小的气孔，这些气孔可以保证蛋孵化过程中蛋内外气体的交换，在蛋加工过程中需要依靠这些气孔将外界物质渗透到蛋内部，同时这些气孔也是蛋保存过程中外界微生物进入蛋内造成腐败的主要通路。内蛋壳膜和蛋白膜可以有效地阻止微生物进入蛋内，因此大多数微生物被堵在蛋白膜外，只有当蛋白膜被蛋白酶破坏后才能进入蛋内。在新鲜蛋中，尤其是刚产的蛋中这两层膜是紧密地靠在一起的，随着冷却而收缩，在两层膜之间形成了气室，气室随着蛋内水分的蒸发而逐渐增大，因此气室的大小可以用来鉴别蛋的新鲜程度。

蛋白是一种胶体物质，可分为稀薄蛋白层和浓厚蛋白层，越接近蛋黄的蛋白越浓厚。浓厚蛋白的量与蛋存放时间有很大关系，含量高可耐贮藏，一般新鲜蛋的浓厚蛋白较多，陈蛋的稀薄蛋白较多。

蛋黄由系带、蛋黄膜、胚胎及蛋黄内容物所构成。系带是由浓厚蛋白构成的，粘连在蛋黄的两端，具有弹性，可固定蛋黄的位置，随着存放时间的延长而逐渐变细，最终溶解消失。蛋黄膜包裹在蛋黄外侧，阻止了蛋黄与蛋白相混。蛋黄膜具有弹性，随着存放时间的延长而逐渐丧失弹性，最终破裂出现散黄的现象。胚胎位于蛋黄膜的表面，为圆形的小白点，密度比蛋白、蛋黄小，位于蛋黄的上侧。

（2）蛋的形成过程 当卵子成熟后卵巢破裂，卵子被排出并被输卵管伞部接纳，逐步进入伞部，此过程需要 13 分钟，随后卵子再经过 18 分钟通过伞部，在此部位卵子除了受精外没有其他变化。随着输卵管的蠕动卵黄向下旋转移动，进入膨大部。

在输卵管膨大部会分泌蛋白包裹卵黄，共分 4 层。首先包裹的是浓蛋白，主要为黏蛋白，这层浓稠的蛋白在卵黄旋转轴的两端逐渐扭结而形成系带和其外围的内稀蛋白层，随后膨大部继续分泌浓稠的蛋白在外面包裹，直到离开膨大部，蛋白停止分泌，此时蛋白（即蛋清）的重量只有产出蛋的一半，因为所含水分较少。膨大部分泌的蛋白几乎是同质的，但是在蛋的后续形成过程中由于蛋的旋转运行、水分的加入等因素才使得蛋白在形态上分为 4 层。此过程大致需要 3 小时。

当蛋进入峡部后，该部位分泌物形成质软的双层蛋壳膜，包围在蛋白的外面，此时的蛋内容物较少没有将壳膜撑满，在此过程中也会有少量分泌液透过蛋壳膜进入蛋内。峡部的粗细可决定蛋的形状，蛋在峡部的时间大致需要 75 分钟。

蛋从峡部进入子宫部，开始形成外稀蛋白层和蛋壳，蛋在子宫部停留时间长达 18～20 小时。子宫部会分泌子宫液（水分和微量盐类）进入蛋膜将蛋膜充满，并将靠近壳膜的浓蛋白液化，形成外稀蛋白层。在蛋进入子宫部时，壳膜上会出现许多微小的钙沉积点，开始了钙沉积，在前 5～6 小时钙的沉积速度较慢，6 小时以后沉积速度加快，直至离开子宫部，开始形成乳头层，随后又形成海绵层，蛋壳表面的色素也是在子宫内形成的。蛋在子宫部最终完成其成分组成。在蛋进入阴道时由其内壁分泌油质层（胶护膜）包裹在蛋壳表面。

105. 畸形蛋是如何产生的?

正常鸭蛋呈椭圆形,表面光滑、饱满;畸形蛋形状不规则,形态不饱满,蛋壳不正常,包括了球形蛋、扁形蛋、条形蛋、尖头蛋、双黄蛋、无黄蛋、薄壳蛋、皱皮蛋、软壳蛋、砂皮蛋等。畸形蛋形成原因主要有3方面。

(1)疾病因素 种鸭感染了传染性支气管炎、产蛋综合征等疾病均可引起输卵管内表面细胞结构的损害,导致水状蛋白的产生和蛋壳出现问题。当输卵管膨大部表面细胞结构受到损害时,会影响蛋白的分泌,浓蛋白与稀蛋白界限消失,蛋清变稀,引起覆盖蛋清外围的蛋壳膜形成皱缩,导致覆盖在蛋壳膜外层的蛋壳也出现皱缩,形成了皱壳蛋。如峡部过细,则形成细长形的蛋。输卵管收缩反常时,就会形成两端尖形的、扁形的蛋。病毒侵害输卵管子宫部时,导致子宫部蛋壳腺的细胞损伤,容易产薄壳蛋、砂壳蛋、软壳蛋。

(2)应激因素 饲养密度过高、热应激、噪声、周围环境的变化、疫苗注射等都会引起母鸭应激,使繁殖周期发生变化。应激改变激素平衡,导致采食量减少。热应激会引起母鸭体内酸碱平衡紊乱造成薄壳蛋。

(3)营养因素 饲料中钙、磷不足、失调,维生素D不足,会形成砂壳蛋、软壳蛋。饲料中的微量元素铜缺乏将会导致蛋壳膜缺损,容易形成皱皮蛋和畸形蛋。过量的镁影响钙的正常代谢,导致蛋壳变薄和骨骼软化。

106. 怎样选择合格的种蛋?

种鸭所产种蛋并不是全部可以用于孵化,总会有部分不合格蛋。种蛋的质量对孵化率和雏鸭的品质有很大的影响,种蛋质量好,胚胎的生活力强,孵化率高,雏鸭质量好,生活力强;反之,会影响胚胎的生活力,出雏率低,弱雏多。因此,这就需要对种蛋进行挑选,剔除不合格蛋。

（1）**种蛋的来源** 种蛋要来源于正规的种鸭场、品种纯正、生产性能高、无经蛋传播的疾病、受精率高，通过科学的饲喂和饲养管理，公母鸭配比适当。只有这样的种蛋，才能确保较高的孵化率，提高效益。种蛋的选择还要尽量选择高峰期的蛋，避开产蛋早期和末期的蛋。

（2）**种蛋的新鲜度** 种蛋的保存时间越短，对胚胎生活力的影响越小，孵化效果越好。新鲜的种蛋营养物质损失少，病原微生物入侵少，胚胎生活力强，孵化率高，出雏整齐，健雏比例高，成活率高。一般种蛋以保存 3～5 天为宜，保存 7 天以后孵化率会明显降低；超过 14 天，即便采取严格的保存条件，孵化率、雏鸭的品质也会大幅度下降。若种蛋放在充入氮气的塑料袋内，保存期可延长到 3～4 周。

（3）**种蛋清洁度** 作为入孵的种蛋，蛋壳上不应粘有粪便、破蛋液、血液等污染物。使用污蛋孵化，会增加臭蛋，并污染正常胚蛋，导致死胎增加，孵化率下降，雏鸭质量降低。为了提高清洁度、降低污染，应该增加拣蛋次数，提高产蛋箱的清洁度。对于表面有污染的种蛋，可以用柔软的纸擦净，不可以水洗，尽量减少窝外蛋。

（4）**蛋重和蛋形** 选择蛋重时要符合该品种的要求，过大或过小的蛋都不能作为种蛋，会影响孵化率和雏鸭品质。过大的蛋孵化期长、雏鸭蛋黄吸收差；过小的蛋，出雏早，雏鸭瘦小，育雏成活率低。蛋的整齐度差，没有典型的出雏高峰期。正常种蛋蛋形以卵圆形为佳，过长、过圆、两头尖的蛋均需剔除。可用蛋形指数来衡量蛋形的好坏，即蛋的纵径与横径之比，正常鸭蛋的蛋形指数一般在 1.36～1.38 之间。

（5）**蛋壳的质量** 种蛋的蛋壳厚度影响孵化率和出雏率，鸭蛋蛋壳厚度应在 0.35～0.40 毫米，蛋壳厚度小会造成蛋内水分蒸发较快，胚蛋失重多，雏鸭瘦小，还易被微生物侵入，而且蛋易破损；反之，蛋壳较厚，种蛋孵化过程中水分蒸发过慢，雏鸭体内含水量多，落盘后破壳难度大。对于砂皮蛋、皱纹蛋、钢皮蛋等要剔除，以免降低种蛋出雏率，占用孵化资源。

(6)破蛋剔除 一手拿2~3个蛋，转动五指，使蛋之间相互轻轻碰撞，听其声音，完整无损的蛋其声清脆，破损蛋可听到破裂声。

(7)照蛋透视选择 用照蛋灯或专门照蛋器械，在灯光下观察蛋壳、气室、蛋黄、血斑、肉斑等内容物，照蛋透视多在种蛋保存前进行。破损蛋可见变白的裂纹，砂皮蛋可见点状的亮点。通过看气室大小，了解蛋的新鲜度，气室大，说明保存时间长。蛋黄上浮，多因运输过程受振，系带折断或种蛋贮存时间过长所致；蛋黄沉散，多为运输不当或细菌侵入，经细菌分解，引起蛋黄膜破裂。血斑、肉斑大多出现在蛋白上，有白色点、黑点、暗红点，转动蛋时随着移动。遇到有上述缺陷的种蛋均应剔除。

107. 如何进行种蛋的保存？

种蛋产出后，因种蛋数量、孵化规模以及生产方式等因素的影响，不可能及时入孵，所以需要保存一段时间。在母鸭体内种蛋形成过程中，已经开始了胚胎早期发育，因此从种蛋产出到入孵这段时间内应妥善保存种蛋，才能使胚胎停止发育，防止造成孵化率下降。在种蛋保存过程中需要注意以下几个问题：

(1)种蛋保存场所 种蛋的保存要用专用的种蛋贮存室，蛋库要求保温、隔热性能良好，便于通风，室内空气新鲜、清洁，无阳光直射，温差变化不大，杜绝蚊蝇、老鼠等。种蛋贮存室需配备空调，可以自动制冷或加温，以保持恒温。

(2)种蛋保存温度 种蛋产出母体后，外界温度降到临界温度（23.9℃）以下时胚胎发育暂时停止，可处于相对静止休眠状态。如果遇到环境气温超过临界温度，但是低于理想的孵化温度时，胚胎就会继续缓慢发育，由于温度不适宜会导致胚胎死亡。如果种蛋长期处于低温（0℃以下）环境下，胚胎会冻死。因此，种蛋保存温度不能高于 23℃、不能低于 0℃；保存适宜温度是 10～15℃，根据保存的期限调整保存温度，提高保存效果。保存时间短，温度可以略高一些，如保存时间少于 4 天，可用 13～15℃；如果保存时间长，温度可以略低一些，如保存时间超过 5 天，可用 10～12℃。无论采取何种保存温度，都会使种蛋的孵化率降低，因此如果条件允许最好将新鲜种蛋直接入孵。种蛋在保存过程中温度变化要缓慢，刚产出的种蛋在保存前要有一个逐渐降温的过程，一般降温需要 1 天左右。

（3）种蛋保存湿度 种蛋在保存过程中，蛋内水分会通过气孔不断蒸发，蒸发的速度与种蛋贮存室的湿度成反比。贮存室的相对湿度一般控制在 75%～80%。种蛋保存湿度过低，蛋内水分损失过多，气室增大，蛋失重大，影响孵化率；湿度过高，易引起蛋面回潮，种蛋容易变质腐败。种蛋保存时间长，可以适当提高相对湿度，一般 7 天内，相对湿度控制在 75%～80%；超过 7 天，相对湿度控制在 80%。

（4）种蛋保存时间 种蛋保存时间不宜超过 4～6 天，随着保存时间延长，种蛋孵化率会降低。种蛋长时间保存时，需将收集入库的种蛋置于盘架上，并定期翻蛋，每次使蛋位转动 90°以上，以防蛋壳和蛋黄粘连。保存一周以内可每天翻蛋一次，也可以将蛋的大头朝下放置，无需翻蛋，使蛋黄位于蛋的中心，防止胚胎粘连，也可防止孵化率降低。超过两周的，每天应该翻蛋两次以上。

108. 运输种蛋时应注意哪些问题？

种蛋在运输过程中，无论使用何种运输工具，都需要注意以下几点：

（1）防止非正常升温，避免阳光暴晒，特别是炎热的夏季更应注意。因为阳光直接暴晒种蛋后，会造成种蛋升温促使胚胎发育，此时发育为非正常发育。受热的程度和时间不同，胚胎发育的程度也不一样，如果温度较高，受热时间过长，会严重降低孵化率。

（2）防止雨淋受潮，种蛋如果被雨淋或者受潮会使蛋壳上的一层蛋白保护膜受损，微生物就会通过保护膜、蛋壳气孔入侵蛋内，种蛋会腐败变质。

（3）装运时，一定要做到轻装轻放轻卸，严防装蛋用具变形破损。种蛋装入运输工具后，严禁挤压。运输过程中严防强烈震动，强烈震动后的种蛋可能导致气室移动、蛋黄膜破裂、系带断裂等严重情况，如果道路高低不平，颠簸厉害，应在装箱底下多铺富有弹性的垫料，尽量减轻震动。如果有条件可以保持良好的种蛋运输环境条件，控制温度在 18℃左右、相对湿度为 75%～80%，运输距离较长可以使用飞机。

109. 种蛋入孵前为什么要进行消毒？ 常用的消毒方法有哪些？

（1）种蛋消毒的原因 种蛋从母鸭体内产出，要经过肛门排出到外界环境中。经过肛门时蛋壳会带有少量微生物，外界环境中也有微生物，尤其是产蛋后，蛋落在垫草等上面，也会存在微生物，要是环境消毒频率较低，微生物含量会较高。蛋在外界环境中，蛋壳表面的微生物会迅速繁殖，繁殖速度受蛋的清洁度、气温高低及湿度大小等因素影响。虽然蛋有胶质层、蛋壳、内外壳膜等几道自然屏障，但是它们都不具备抗菌性能，所以微生物仍可进入蛋内。一旦微生物进入蛋内会导致胚胎感染病原，甚至死亡，影响孵化率和雏鸭的质量。为了防止此类情况发生，在实际生产中会对种蛋适时进行科学、规范的消毒。

（2）种蛋消毒的方法 种蛋的消毒方法较多，常用的有福尔马林熏蒸消毒法、二氧化氯消毒法、臭氧消毒法、过氧乙酸消毒法、新洁尔灭消毒法等，另外还有紫外线照射消毒法、碘液浸洗法、中药熏蒸法等。

110. 种蛋一般要经过几次消毒？ 怎样进行消毒？

种蛋一般要经过 2 次消毒，第一次是每次拣蛋后，降低或消除种蛋表面的微生物，防止种蛋在保存期间被微生物入侵，出现变质腐败的现象，影响孵化效果；第二次是入孵前，此时可以连同孵化机一起消毒，可以防止在种蛋保存期间，蛋壳表面又富集大量微生物，在孵化机内温度和湿度适宜，会加速微生物繁殖。

消毒步骤如下。

（1）福尔马林熏蒸消毒法　该方法操作简单，效果良好。种蛋在消毒间或者孵化机内均可进行。该方法是将福尔马林（含40％甲醛溶液）和高锰酸钾按一定比例混合放在适当的容器中，熏蒸消毒，可以迅速有效地杀死病原体。每立方米空间用28毫升福尔马林和14克高锰酸钾，一般熏蒸时间控制在20～30分钟内。环境温度在20～24℃，相对湿度为75％～80％。两种物质混合后，工作人员就必须快速离开消毒的空间，在熏蒸结束后需要充分通风，防止甲醛气体对胚胎产生伤害。

（2）二氧化氯消毒法　用80毫克/升的二氧化氯喷洒消毒，效果很好，但是种蛋需要干燥后才能孵化。

（3）臭氧消毒法　把种蛋放在密闭的房间或者箱体内，通过紫外线照射产生臭氧，当臭氧浓度达到0.01％时就有很好的消毒效果，此方法耗时较长。

（4）过氧乙酸消毒法　过氧乙酸又称过醋酸，是一种高效、快速、广谱的消毒剂，它有强烈的灭菌作用。用0.01％～0.04％过氧乙酸溶液喷雾或者浸泡种蛋3～5分钟，取出晾干即可入孵。过氧乙酸也可以与高锰酸钾混合熏蒸消毒，每立方米空间用16％的过氧乙酸溶液50毫升和高锰酸钾5克，熏蒸15分钟，可以快速达到理想的消毒效果，熏蒸结束通风换气。但是过氧乙酸的腐蚀性较强。

（5）新洁尔灭消毒法　新洁尔灭易溶于水、呈碱性，具有较强的消毒和去污作用，能凝固蛋白质和破坏代谢过程。在种蛋消毒时，可采用新洁尔灭对种蛋进行喷洒或浸泡，将5％的新洁尔灭溶液加水稀释50倍成为0.1％的溶液，喷洒在种蛋表面或者在40～45℃条件下用该溶液浸泡3分钟，即达到消毒效果。

无论采用何种消毒方法或消毒剂，都要按照操作要求进行操作。

111. 鸭蛋的孵化期是多少天？ 孵化时间为什么会有偏差？

孵化期是指在正常条件下，从种蛋入孵到出雏所经历的时间。河鸭属的鸭蛋孵化期为28天，栖鸭属的番鸭蛋孵化期为33～35天，骡鸭的孵化时间为30天。

孵化时间出现偏差主要与种蛋保存时间以及孵化温度有关。随着种蛋保存时间的延长，孵化期也会出现相应延长的现象，一般种蛋保存时间控制在7天以内，如遇到每天种蛋数量过少，可以适当延长到10天，时间再长，受精蛋孵化率较低。孵化温度是影响胚胎发育的主要因素，在孵化过程中温度偏高会加速胚胎发育，缩短孵化期，温度偏低会减慢胚胎发育，延长孵化期。即使前期孵化温度正常，后期偏高或者偏低同样会缩短或延长孵化期。

112. 鸭蛋常见的孵化方法有哪些？

(1) 炕孵法 炕孵多用于东北、西北等地区。炕的结构和形式基本上与北方地区的睡炕雷同，多采用砖或土坯砌成。以火炕作为热源，完成胚胎的体外发育。由于火炕散热的均匀度差，可以根据胚胎发育不同阶段对温度要求的不同，移动种蛋位置获得不同的温度。

① 入孵前的准备 在入孵前将火炕烧热至40～41℃，在火炕上面铺麦秸或稻草，其上再加芦席，然后将预热的种蛋排放在上面，再在上面盖上棉被等保温。

② 温度的调控 根据室温和胚龄来调节孵炕的温度。在实际操作中，往往要通过烧炕的次数和时间，覆盖物的多少和覆盖时间，以及翻蛋、移蛋、凉蛋等措施来调节孵化温度。同样也要灵活掌握"看胎施温"。采用炕孵法，一般要分批入孵，并将"新蛋"靠近热源一边，并随着胚龄的增加而逐步改变胚蛋的位置，使胚龄大的胚蛋移至远离热源的一端。

③ 翻蛋管理　每隔 4～6 小时人工翻蛋一次，翻蛋时将上下、左右、中间和边缘位置的胚蛋进行互换，使胚蛋受热均匀，同时调整种蛋自身角度，每次翻蛋角度要在 100°以上，不要漏翻。

④ 上摊床　在炕上面还有 2～3 层的摊床，当胚蛋孵化到后期时，就可以将胚蛋转移到摊床上，靠胚胎自温完成后期的发育，避免炕上温度过高。

（2）缸孵法　缸孵是在我国华东地区使用较多的一种孵化方法，需孵缸、蛋筹等设备。缸由稻草和泥土制成，缸壁高 100 厘米、内径 85 厘米、厚 10 厘米。缸中放一铁锅，用泥抹牢，铁锅上放双层缸圈，铁锅离缸底面 30～40 厘米，铁锅外底下有一稻草圈，用泥将其与铁锅粘牢。缸的一侧开 25～30 厘米的炕口，作为生火与加温使用。锅内放几块砖，砖上放一块木制圆盘（用于蛋筹转动），蛋筹放于其上。

① 入孵前的准备　种蛋入缸前需对缸进行升温，除去缸内的潮气，一般需要 3～4 天，使缸内温度达到 39℃左右将种蛋入孵。

② 翻蛋　为了使种蛋受热均匀，促进胚胎的正常发育，对新入孵的种蛋要加强翻蛋。前两天每天翻蛋 6 次，第三天开始每天翻蛋 4 次。

翻蛋的方法主要有以下几种：

a. "抢心"　将缸内的胚蛋上下、边缘和中间的互换，并将翻蛋前缸中心的蛋放在最上面。

b. "平缸"　翻蛋时仅将上下、左右、中间与边缘进行位置互换。

c. "里表互换"　将表面和中心的蛋位置互换。

d. "抢心互换"　取出部分边缘蛋与中心胚蛋互换。

具体操作步骤为：第一天第一次翻蛋采用"抢心"，其余 5 次均可采用"抢心互换"；第二天第一次翻蛋采用"抢心互换"，其余 5 次采用"平缸"；第三天以后就可以采用"平缸"和"里表互换"相结合的方法。翻蛋的方法可以灵活运用，无论以何种方式翻蛋，最终目的是保证胚蛋受热均匀。

③ 温度的调控　在孵化过程中要注意温度的变化，如果发现温度过低，盖严缸盖或增加棉被；温度高时，可以撑起缸盖或减少棉被来调节。如果缸内局部温度存在差异，可以通过转动木制圆盘来调节。

(3) 桶孵法　桶孵多用于我国华南、西南地区，有孵桶、网袋、孵谷、炉炕和锅等设备。孵桶为圆柱形水桶，也可用竹篾编织成圆形无底竹箩，外表再糊粗厚草纸数层或外涂一层泥，再用砂纸内外褙光。桶高约 90 厘米，直径 60～70 厘米。网袋用以装蛋，由麻绳编织，网眼约 2 厘米×2 厘米，外缘穿一根网绳，便于翻蛋时提起和铺开。网长约 50 厘米，口径 85 厘米。孵谷要求饱满，炒热备用，以利保温，也有以秕谷、稻谷和沙子代替谷粒的。

① 孵化温度调控　每次入孵开始都要进行炒谷，将稻谷炒热至烫手，大约 40～42℃。将热谷放入桶内提高桶温。在桶底层铺平热谷，将网兜装好的第一袋种蛋散放在桶的四周，将第二袋种蛋放在第一袋中间，然后在种蛋上均匀撒上热谷覆盖。依此步骤，一层蛋一层热谷完成入孵。在桶的最上层加盖保温材料。入孵几批后可以采用"老蛋带新蛋"的孵化方法，无需再炒谷。

② 翻蛋　为使胚蛋受热均匀，每天翻蛋 3～4 次，翻蛋时将"边蛋"和"心蛋"分开放置，之后收起炒谷，重新加热使用。在放置种蛋时每次都要将"边蛋"和"心蛋"位置变换，以保持胚蛋孵化一致。

③ 上摊床　完成早期孵化后就可以将胚蛋上摊床，依靠胚蛋自身的热量维持后期孵化。

(4) 摊床孵化法　摊床孵化法多用于种蛋孵化后期，多为木制框架，配备有棉絮、毯子、单被、席子、絮条等。摊床由 1～3 层木制长架构成，一般均架于孵化室内的上部，下面也可以设置孵化机具。摊分上摊、中摊和下摊。摊与摊的距离为 80 厘米，摊长与屋长相等。上、中摊应比下摊窄一些，便于人站在下摊边条上进行操作，一般下摊宽 2.2 米、中摊宽 2 米。上摊只有在蛋多时才使用。各摊底层均由芦苇（或细竹条）编成，以稻草铺平，上放一层席子。摊边或蛋周围设隔条，有利于保温。

① 上摊床时间　孵化后期胚胎能够产生大量的能量，只要加强保温足以维持后期的发育。上摊床的时间一般为 [1＋（孵化期÷2)] 天。

② 摊床的准备　用木材做成摊床，在摊床上面覆一层厚的垫草，在垫草上面铺盖棉被等保温材料，同时将室温提高到 25℃以上。

③ 摊床管理

a. 温度　用摊床孵化可以通过多种途径来调节温度，在摊床四周的蛋（边蛋）易散热，蛋温较低，摊床中间的蛋（心蛋）不易散热，温度较高，可以通过翻蛋过程，将两者的位置对调，使蛋温趋于平衡；刚上摊时，可摆放双层，排列紧密，随着胚蛋的温度上升，上层可放稀些，然后四周的蛋放双层，继而全部放平，即通过调整蛋的排列层数和松紧来调节蛋温；当蛋温偏低，则可加覆盖物，蛋温上升较快，可减少覆盖物，甚至可将覆盖物掀起凉蛋降温；可以通过控制门窗和气窗来调节蛋温。

摊床温度的调节，应根据心蛋与边蛋存在温差的特点来进行，应掌握"以稳为主，以变补稳，变中求稳"的原则，也就是说，为使蛋温趋于一致，要"以稳为主"，即以保持心蛋适温平衡为主；当升温达到要求时，又要适时采取控制措施，不使温度升得太高，达到"变中求稳"的目的。

摊床孵化要注意"三看"：一看胚龄，随着胚龄的增长，其自发温度日益增强，覆盖物应由多到少、由厚到薄，覆盖时间由长到短。二看气温与室温，冬季及早春气温和室温较低，要适当多盖，盖的时间也要长一点；夏季气温高，要少盖一些，盖的时间也要短一点。三看覆盖物及蛋温，应根据前一次查看蛋温的高低和温度变化的速度，适时增减覆盖物，如前一次查看温度升得快、升得高，则覆盖物少盖一点；如温度升得慢，温度低，则覆盖物就要多盖一点；如温度适宜覆盖物维持不变。

b. 翻蛋　每天进行 3～4 次翻蛋。为了保证翻蛋效果，种蛋在上摊床的时候，需一层靠一层倾斜放置，翻蛋的时候按照顺序进行。

c. 勤看　根据胚胎产热特点，在鸭胚 14～17 天时，由于自温能力差，每隔 3 小时就应该观察温度。

d. 出雏　出雏期间每 2 小时拣雏一次，同时将蛋壳一并拣出。

（5）平箱孵化法　平箱孵化具有设备简单、取材容易等特点，分为用电与不用电两种，适宜于农村使用。该方法吸取了电孵机中的翻蛋结构，但孵化率欠稳定。制作平箱可利用土坯、木材、纤维板等原料，外形似一个长方形箱子，一般高 157 厘米、宽与深均为 96 厘米，箱板四周填充保温材料（如废棉絮、泡沫塑料等）。箱内设转动式的蛋架，共分 7 层，上下装有活动的轴心。上面 6 层放盛蛋的蛋筛，筛用竹篾编成，外径 76 厘米、高 8 厘米。底层放一空竹匾，起缓冲温度的作用。平箱下部为热源部分，四周用土坯砌成，底部用 3 层砖防潮，内部四角用泥抹成圆形，使之成为炉膛，热源为木炭。正面留一椭圆形火门，高 25～30 厘米、宽约 35 厘米，并用稻草编成门塞，热源部分和箱身连接处放一块厚约 1.5 毫米的铁板，在铁板上抹一层薄草泥，以利散热、均温。

① 预温　种蛋入孵前使平箱内温度达到 40℃以上。

② 入孵调温　当蛋入箱后，将门关紧并塞上火门，让温度慢慢上升，直至蛋温均匀为止。入孵后，应每隔 2 小时转筛一次（转筛角度为 180°，目的是使每筛的蛋温均匀），并注意观察温度，当眼皮贴到蛋感到有热度时，可进行第 1 次调筛（调筛的目的是使上、下层的蛋温能在一天内基本均匀）；当蛋温达到眼皮有烫的感觉时，可进行第 2 次调筛及翻蛋（翻蛋可调节边蛋与心蛋的温度，并可使蛋得到转动）；蛋温达到明显烫眼皮时，进行第 3 次调筛及第 2 次翻蛋。当筛中间蛋温达到要求时说明蛋温已均匀。检验蛋温

适当与否，采用"看胎施温"。

③ 调筛方法　每天转动蛋筛 4～6 次，同时使蛋筛旋转 180°。调筛每天 4～6 次，原则上要保证胚蛋受热的均匀性，提高出雏的整齐度。

（6）机器孵化法　机器孵化法是通过自动化控制温度、湿度、通风换气等来提高胚胎发育所需要的条件，已被广泛使用，尤其是在现代化养殖场。

113. 种蛋孵化前应做好哪些准备工作？

（1）制订孵化计划　孵化前应根据孵化设备条件、种蛋来源、雏鸭销售、饲养规模等制订周密、合理的孵化计划，并用表格形式登记，尽量把费时、费工的工作错开，如入孵、照蛋、出雏等工作不要集中在同一天进行，防止完不成或者前后拉锯的时间过长。

（2）孵化间、出雏间准备　孵化间、出雏间要清扫、冲洗和消毒，消毒可采用熏蒸法，每立方米用烟雾缉毒弹（主要成分为三氯异氰尿酸）1.3～3 克，20～24℃ 环境下熏蒸 24 小时，然后通风换气。

（3）孵化机的准备　孵化前要对孵化机进行检修，提前 2～3 天试机运转，观察记录温度、翻蛋位置间隔、加湿系统、自动报警系统、通风系统等是否按照设置运行；孵化用的温度计和水银导电温度计，要用标准温度计校正；用消毒液喷洒孵化机的内壁之后擦洗，然后熏蒸（可结合种蛋消毒同时进行），蛋盘用高压水枪冲洗、沥干、熏蒸备用。清除水槽中的水垢和污物，保证加湿正常。

（4）种蛋消毒　将种蛋码到蛋盘上，放到孵化机内，熏蒸消毒。

（5）种蛋预热　由于种蛋保存的环境温度一般在 13～18℃ 之间，胚胎处于静止状态，因此种蛋在入孵前需要进行预热，使胚胎逐渐"苏醒"，并去除胚蛋由低温到高温造成蛋壳表面出现的水珠，还可防止冷蛋进入孵化机引起孵化机内温度的大幅度下降，进而影响孵化机内正常孵化的胚蛋。一般是将种蛋放在 24℃ 左右、相对湿度 75%～80% 的环境下，经过 12 小时即可。

（6）码蛋入孵　将消毒后的种蛋码入蛋盘内，蛋盘装满后放进蛋架车，蛋盘要摆放到位。全车装好后，即可缓缓推入孵化机内，注意让蛋架车的转轴销和摆轴销与翻蛋设备连接好。入孵时间最好是在下午 4 时以后，这样可以使出雏高峰出现在白天，工作比较方便。

114. 孵化的工艺流程是什么？

孵化工艺流程为：制订孵化计划→种蛋验收、挑选→种蛋消毒→种蛋保存→种蛋消毒→孵化间、出雏间准备，种蛋码盘→孵化、照蛋、翻蛋、凉蛋→移盘→出雏→雏鸭分级→预防接种→数据统计→孵化效果分析。

115. 种蛋入孵时摆放的位置有何要求？

种蛋入孵时，需要将蛋转入蛋盘，鸭蛋放置位置为大头向上、小头向下。因为蛋的大头为气室的位置，胚胎在整个蛋的成分中比较轻，会处于蛋的最上面部分，这样有利于二氧化碳的排放和氧气的吸入。如果是采取整批入孵，一般将颜色深或者蛋壳厚的种蛋放在孵化机的中、上层。如果是采取分批入孵，后入孵的种蛋要与先入孵的种蛋交错放置，这样可以充分利用早入孵胚蛋产生的余热。

116. 进行种蛋人工孵化需要哪些条件？

胚胎在体外发育需要有理想的外部环境，这需要根据鸭胚胎发育不同时期的特点，提供最适宜的孵化条件，满足胚胎的发育需求，才能获得较理想的孵化效果。鸭胚胎的孵化条件主要包括温度、湿度、通风、翻蛋、凉蛋。在孵化过程中，各个孵化条件之间是彼此密切相连和相互影响的，在孵化实践中要综合考虑各个因素。其中，温度是孵化的关键，相对湿度、通风换气、翻蛋和凉蛋起着辅助的作用。温度高会使水分蒸发量增大，相对湿度上升，需要通过通风换气来降低，通风换气又可以结合凉蛋同时进行。孵化的任何阶段都必须避免高温高湿的情况出现。

117. 怎样掌握孵化温度？ 什么叫"看胎施温"？

温度是胚胎体外发育最重要的外界条件，孵化温度不仅决定着鸭胚胎的生长发育进程，同时也决定着胚胎的生活力，孵化温度过高或过低都会影响胚胎的发育。孵化给温方式一般有变温孵化和恒温孵化两种，不同的孵化方式孵化温度有所差异。

变温孵化是将所有种蛋一次性入孵，不同孵化阶段给予不同的孵化温度。此种方法主要用于孵化规模较大，种蛋来源充足，雏鸭销售、饲养要求集中，可实行"全进全出"饲养制度的孵化模式。变温孵化应该调控好温度，才能确保胚胎正常发育，获得良好的孵化效果。变温孵化不同胚龄、室温下所需孵化温度见表 4-2。

表 4-2 变温孵化温度控制要求

室温/℃	鸭胚龄/天			
	1～7	8～15	16～24	25～28
15～22	38.1	37.8	37.5	37.2
22～28	37.8	37.5	37.2	36.8

恒温孵化是由于胚蛋入孵时间有差异，不同孵化阶段给予的孵化温度基本一致。此方法可用于种蛋来源不足，雏鸭销售和饲养不集中，采取分批入孵和分批出雏的孵化方式。在恒温孵化过程中温度控制较为容易，劳动强度相对减小；入孵早的胚胎在中后期会产热，为入孵晚的胚蛋提供热量，减少了孵化机的启动次数，节约孵化成本。入孵种蛋的间隔时间一般为 5 天，不同批次的种蛋要做好标记，及时落盘、出雏。

无论采取何种给温方式孵化，都应遵守"看胎施温"的孵化原则。"看胎施温"必须从种蛋入孵的第一天就严格控制孵化温度，要随时通过照蛋查看胚胎发育的情况，判定孵化温度是否得当。在整个孵化期间，孵化温度不可能一成不变，温度高低应根据胚胎的发育进行调整，但是调整温度的幅度不宜太大，以免胚胎应激过大，造成孵化率降低。

118. 高温或低温对孵化会产生什么样的影响？

适宜的温度才能获得较好的孵化率和健雏率，孵化温度过高或过低都会影响胚胎的发育，导致胚胎的生活力下降，甚至引起死亡。当孵化温度超过最适宜温度时，会加速胚胎的发育速度，缩短孵化期，降低胚胎的孵化率，孵出的雏鸭体质弱、失水过多、瘦小，毛稍干燥。当孵化温度在 40.5℃ 条件下 24 小时内，对孵化率影响较微小；当温度超过 43℃ 时，经历 6 小时后孵化率就会明显下降，9 个小时后会严重下降；当温度在 46℃ 以上几个小时胚胎就会陆续死亡。当温度低于最适宜的温度时，胚胎的发育就会迟缓，孵化期延长，死亡率增加，雏鸭含水量多，脐部愈合不良，弱雏率增加，脐炎发病率高，蛋黄吸收差。短时间（0.5 小时以内）的降温对孵化效果没有明显的影响。在孵化中期以前，胚胎发育受温度降低的影响较大；孵化中期以后，短时间温度下降到 20℃ 以上，对孵化率有影响，但是影响效果不是很严重，如果温度低于 20℃ 以下经过 30 小时，胚胎就会死亡；在移盘、出雏期间，温度下降会严重影响出雏率。

119. 湿度与孵化率有无关系？标准的湿度应为多少？

湿度是孵化的重要条件之一，对鸭胚发育有很大的影响，直接关系着孵化率的高低。在孵化过程中，蛋内水分通过蛋壳气孔不断向外蒸发，蒸发的速度与孵化机内的湿度有关。相对湿度过高或过低，均会破坏胚胎正常的物质代谢和渗透压，影响二氧化碳排出和氧气的吸入。相对湿度低，蛋内水分蒸发快，雏鸭个体会小于正常个体，容易脱水。湿度过高会阻碍蛋内水分正常蒸发，延长孵化时间，导致个体较大且腹部松软。湿度与导热有关，适当的湿度可使胚胎各个位置受热均匀良好，有利于后期胚胎产生的多余热量的散失，有利于胚胎发育。出雏阶段足够的湿度和空气中二氧化碳作用，使蛋壳的碳酸钙变为碳酸氢钙，蛋壳变脆，有利于雏鸭啄破，利于出壳。

鸭胚发育对湿度的要求没有温度那么严格，变化范围较大，一般遵循"两头高，中间低"的原则。孵化初期相对湿度为65％～70％，有利于胎膜的形成；中期为55％～60％，有利于蛋内水分的蒸发；后期为70％～75％，有利于胚胎的生长。

120. 怎样计算相对湿度？

相对湿度需要用干湿球温度计来测定，该温度计由两支量程为50℃的温度计组成，一支温度计的下端用清洁的脱脂纱布包裹，纱布的下端浸在盛有蒸馏水的小玻璃瓶中，称之为湿球；另外一支温度计不包裹纱布，称之为干球。因为水分蒸发会带走热量，所以湿球显示温度要比干球显示温度低，根据两支温度计的温差查表就可以得出相对湿度。

121. 为什么在孵化过程中要进行通风换气？

在胚胎发育过程中，需要从外界环境吸收氧气，并将代谢产生的二氧化碳排出，同时蛋内的水分也在不断地蒸发到环境中。为了保证胚胎的正常发育，需要向孵化机内补充新鲜空气，孵化机中氧气含量为21％、二氧化碳含量低于1％可获得良好的孵化效果，否则会导致胚胎发育迟缓，降低孵化率。当二氧化碳含量超过1％时，每增加1％孵化率下降15％，同时还会出现较多的胎位不正现象和畸形、体弱的雏鸭。氧气含量高于或低于21％都会使孵化率降低，当高于21％时，每增加1％，孵化率会下降1％左右；低于21％时，每降低1％，孵化率约下降5％。一般情况下氧气的含量不会过高，但是高原地区会出现氧气缺乏的情况，需要通过加氧的方式使空气中含氧水平接近21％，提高孵化率。

当孵化机中湿度和温度高于正常要求后，可以通过通风换气调节，适当的通风换气可以使孵化机内的温度更为均匀，排出余热正常。

122. 孵化过程中为什么要翻蛋？ 如何翻蛋？

在种蛋孵化期间定时翻转蛋的放置位置，对胚胎正常生长发育有利。

(1) 为什么翻蛋 在胚胎孵化过程中，随着蛋黄系带溶解，蛋黄因密度比蛋白低，它会自稀蛋白中上浮，而胚胎密度又比蛋黄轻，所以胚胎一般都处于蛋的上面部位。如果长时间处于同一个位置不动，蛋黄就会同外层的浓蛋白接触，时间长就会发生粘连，造成胚胎死亡。通过翻蛋可以改变胚胎位置，防止粘连。

翻蛋还可以使胚胎各部位受热均匀。通过翻蛋改变胚蛋的位置，起到一定的温度调控作用，可以使胚蛋的各个部位均匀受热，促进胚胎的正常发育，提高孵化率和雏鸭品质。

(2) 如何翻蛋 在孵化过程中，因胚胎密度小，其发育位置会是靠近蛋内最高位置，并将头部靠近气室，可以通过大头高于小头的方式完成此过程。如果蛋的小头位置高于大头，就会出现很多胚胎头部位于蛋小头部位发育，在出雏破壳前，其喙部无法进入气室进行肺呼吸，所以翻蛋也需要遵循此规律。

传统孵化都是采用人工翻蛋，在种蛋摆放时一般采用平放、大头向上立放或者斜立放。通过翻蛋改变蛋的摆放位置，一昼夜需要翻蛋4次以上，每次翻蛋要轻、快、稳，短时间内完成，确保胚胎温度的稳定。

立体式自动孵化机自带翻蛋装置，在蛋上盘时大头向上或者略倾斜放置，沿蛋的长轴前后或左右倾斜完成翻蛋过程。在孵化过程中，只要将机器设定好翻蛋的时间间隔和角度即可。鸭蛋孵化每2小时翻蛋1次，到移盘后停止翻蛋。翻蛋的角度应大于45°，一般控制在90°。翻蛋角度大，翻蛋次数可以适当少些；翻蛋角度小，翻蛋次数需要多一些。

123. 孵化过程中凉蛋的作用是什么? 怎样凉蛋?

凉蛋是指鸭种蛋孵化一定时间后,蛋中脂肪代谢增强会产生大量余热,导致蛋内温度急剧上升,容易导致胚胎温度过高,也加大了对氧气的需要量。由于蛋表面积相对较小,散热能力差,这就需要通过凉蛋将蛋内温度降至正常的孵化温度,然后再继续孵化。通过凉蛋还可以完成孵化机内外空气的快速更换,刺激胚胎发育,一定范围内可以提高种蛋的孵化率。

凉蛋时间从入孵后 15 天开始,每天上、下午各进行一次。凉蛋常用的方法有机器内凉蛋和机器外凉蛋。机器内凉蛋是将孵化机加热电源关闭,打开机门,通过通风换气,将蛋表面温度降至30~33℃,然后重新关闭机门继续孵化。该法操作方便,一般用于孵化机外界环境温度偏低的情况。机器外凉蛋是将整个蛋车从孵化机中拉出,利用外界温度比机器内温度低的原理进行自然凉蛋,也可以通过喷洒 25℃左右的温水降温。当蛋温略低于眼皮温度时(30~33℃),再将蛋车推回孵化机内,继续进行孵化。此方法操作相对繁琐,而且在移动蛋车时会造成蛋的破损。机器外凉蛋一般用于外界环境温度过高,通过机器内凉蛋达不到效果的情况。凉蛋的时间一般为 20~30 分钟,具体应根据孵化机外部环境温度和胚胎发育的情况来确定。如果是刚开始凉蛋、外界环境温度偏低,可缩短凉蛋时间。

124. 鸭的胚胎发育有何规律?

鸭精子和卵子集合后,就开始了胚胎发育,当母鸭产出受精蛋后,遇冷胚胎发育暂时停止。在一定的时间期限内,只要赋予适宜的孵化条件,胚胎就会恢复发育,一直到胚胎发育成雏鸭出壳。在整个孵化期内,鸭胚胎的发育有其独特规律,详细见表 4-3,示意图见彩图 4-11。

表 4-3　不同胚龄鸭胚胎发育的主要特征

胚龄/天	胚胎发育主要特征
1～1.5	蛋黄表面有一颗颜色稍深、四周亮的胚胎,俗称"鱼眼睛"或"白水球"
2.5～3	已经可以看到卵黄囊血管区,其形状很像樱桃,故俗称为"樱桃珠"
4	卵黄囊血管的形状像静止的蚊子,俗称"蚊虫珠"。卵黄颜色深的下部似月牙状,俗称"月牙"
5	蛋转动时,卵黄不随着转动,俗称"钉壳"胚胎;卵黄囊血管形状像一只小的蜘蛛,故又称"小蜘蛛"
6	胚极度弯曲,呈"C"形,明显看到黑色的眼点,俗称"单珠""黑眼"
7	胚胎形似"电话筒",一端是头部,另一端为弯曲增大的躯干部,俗称"双珠"。喙原基出现,翅脚可区分
8	羊水增多,胚沉入羊水中不易看清,俗称"沉"。正面已布满扩大的卵黄和血管
9	胚较易看到,像在羊水中浮游一样,俗称"浮"。卵黄已扩大到背面,蛋转动时两边卵黄不易晃动,俗称"边口发硬"
10～11	蛋转动时,两边卵黄容易晃动,故俗称"晃得动"。尿囊绒毛膜越出卵黄囊,故俗称"发边"
12～13	尿囊绒毛膜伸展至蛋的小头合拢,整个蛋除气室外都布满了血管,俗称"合拢""长足"
14	血管开始加粗,血管颜色开始加深
15	血管加粗,颜色逐渐加深
16	主要观察小头发亮的部分随着胚龄的增长而逐日缩小
17～19	主要观察小头发亮的部分随着胚龄的增长而逐日缩小,蛋内黑影部分随着胚龄增长而加大,这就是胚胎身体增长的标志
20～21	两脚紧抱头部,喙转向气室,蛋的小头已没有蛋白,但羊膜中仍有少量蛋白羊水。小头对准光源,再看不到发亮的部分,俗称"关门""封门"
22～23	在喙转向气室时引起胚胎转身,使气室向一方倾斜,俗称"斜口""转身"
24～25	气室内可以看到翅、喙、颈部的黑影闪动,俗称"闪毛"
25～27	起初是胚胎喙部穿破壳膜,伸入气室内,称为"起嘴";接着开始啄壳,称"见嘌""啄壳"
27.8～28	出壳

125. 在孵化过程中照蛋有什么作用？如何操作？

照蛋就是用照蛋器（图 4-3）的灯光透视胚胎，在蛋表面形成影像，以此判断胚胎的发育情况。鸭蛋在整个孵化期需要经过 2～3 次照蛋，第一次照蛋时间为第 6 天，也称为头照，第二次照蛋为 25 天，也就是落盘的时候，根据需要还可以在鸭胚 13～14 天时进行抽检。第一次照蛋目的是剔除无精蛋和死胚蛋，第二次照蛋目的是剔除死胎蛋，通过两次照蛋和中间的抽检还可判断胚胎发育情况，调整孵化条件。

照蛋器

验蛋台

图 4-3 照蛋器材

　　照蛋可用照蛋器、验蛋台照蛋，也可以自制照蛋箱。目前普遍使用照蛋器进行照蛋。照蛋需要黑暗的环境，将蛋盘从孵化机内取出，放在桌子上，用照蛋器轻轻卡在蛋的大头，光源从种蛋的大头由上向下照，通过比对各个时期胚胎发育的特点，可以判断出胚胎发育的情况。如果采用验蛋台进行照蛋，需要验蛋台大小与蛋盘一致，将蛋盘放在验蛋台上，光线由下向上照。自制照蛋箱可以在纸箱内安装灯泡，然后在纸箱上开圆形小洞，让灯光从小洞内透出，将蛋放在小洞处就可以看到蛋内的情况。

　　照蛋时动作要轻、快、准、稳，在整个照蛋过程中，速度要快，减少胚蛋在外界环境中停留的时间，以免造成胚蛋温度下降太多，影响胚胎的生长发育；要防止碰震，对胚胎造成伤害；观察要准确，对照蛋结果怀疑的胚蛋要认真仔细观察，尽量避免漏照与错照。如果照蛋工作量较大，需要提高室内的温度，防止胚胎温度降得过多。

126. 怎样鉴别正常胚蛋、弱胚蛋、无精蛋和死胚蛋？

　　（1）正常胚蛋　第一次照蛋可见明显的放射状血管网，沿气室向下形成瀑布样分布，可以看见黑色眼点，蛋中央有2～3根较粗的血管和黑影相连，血管网分布超过蛋的五分之四；第二次照蛋可见气室明显增大，气室边缘弯曲倾斜，也就是所谓的斜口，在气室中可见黑影闪动。蛋身不透光。

（2）**弱胚蛋** 第一次照蛋与正常胚蛋相比血管比较纤细，黑色眼点不明显，血管网分布面积小；第二次照蛋弱胎蛋的小头部分还发亮，气室边缘未弯曲或弯曲度小。

（3）**无精蛋** 通过第一次照蛋即可剔除，表现为气室不明显，蛋黄呈淡黄色、发亮，看不到血管。转动蛋时，可见扁圆形的蛋黄悠荡飘转，速度较快。

（4）**死胚蛋** 第一次照蛋有血液扩散后形成血圈、血弧、血块、血点或断裂的血管残痕，蛋色浅白，蛋黄成散发状，气室呈黄褐色；第二次照蛋死胎蛋气室边缘无弯曲或弯曲度不大，小头部分发亮，血管混浊，无胎动，蛋身发凉。

127. 孵化时停电怎么办？

大型孵化场应该自备发电机，遇到停电立即发电。没有发电条件的孵化场应与供电部门保持密切联系，做好停电前的准备工作。停电时应切断孵化机的电源，防止突然来电时孵化机启动，电流过大烧断保险丝，通电时应逐台启动。

根据孵化室停电时间的长短、环境温度高低、胚龄的大小采取相应的措施。如果停电时间较长，孵化室环境温度低的情况下，可采用火炉等升温措施，在停电前2～3小时可将火炉烧起，尽可能保持停电期间环境温度在27～30℃，不低于25℃。同时可以在地面喷洒热水调节湿度。停电时要多注意孵化机内的温度，可用手感觉或用眼皮测温来衡量胚蛋的温度，也可以使用温度计测定孵化机内不同位置的温度，尤其需要注意上几层和下几层的温度。停电期间，孵化机的所有运行停止，适当对孵化机进行人工通风，确保机器内空气新鲜、氧气充足，防止胚蛋被闷死。

不同胚龄的种蛋和不同的孵化数量可以在停电期间采取不同的操作规程。孵化前期，12 小时内的停电只需将孵化机门和气孔关严。孵化中期，应每隔 3 小时检测 1 次，一般上层温度会高于下层温度，可以根据需要对上、下层胚蛋进行位置对调，还可以采用对角线对调的方法，防止上层胚蛋温度过高；如果孵化机中整体温度偏高可以打开机门散热或者结合凉蛋进行降温。孵化后期，应将凉蛋和停电合理结合，每隔 2 小时检测温度 1 次，此时胚蛋代谢过剩，要防止胚蛋热死或者闷死。停电期间，还需要人工控制蛋车，以确保翻蛋次数。

128. 何谓移盘？ 怎样操作？

在鸭胚孵化至 25 天后，胚胎大多数出现闪毛、少部分封门和起嘴时，将胚蛋从孵化机移至出雏器中继续孵化的过程叫移盘，也可称为落盘。落盘前可以对胚蛋进行检查，查看胚胎发育情况，如果胚胎发育普遍迟缓，应推迟落盘时间，否则胚胎发育的温度不能满足，容易导致胚胎死亡。

移盘前将室温提高，最好要达到 26℃。室温过低，在移盘过程中胚胎会受到低温影响，可使胚胎的新陈代谢受阻，弱胚、死胚增多，孵化率下降。移盘前对出雏器提前预热，将温度升至 37.8℃左右，方可进行移盘。如果出雏器没有进行提前预热，会造成胚蛋温度长时间不能达到其生长的适宜温度，导致出雏期延长、胚胎发育不正常、蛋黄吸收不良等现象发生，同时还会出现出雏不齐、啄壳不出雏的现象。落盘时要轻、稳、快，落盘时间长会使胚胎受到温度变化的应激时间延长；尽量减少碰撞，因为此时蛋的脆性增强，强度降低，很容易在震动或碰撞情况下出现破损。落盘后将温度控制在 36.7℃左右、湿度在 75％以上，提供充足的氧气，等待出雏。

129. 出雏操作上鸭与鸡有什么不同？

（1）鸡出雏时间为 20～21 天，鸭出雏时间在 26～28 天。鸭的出雏持续时间比鸡长，出雏高峰不如鸡集中，出雏期间需要每隔 4 小时拣雏一次，所以鸭的拣雏次数要比鸡多。每次拣雏都要将绒毛已干的雏鸭拣出，并将空蛋壳拣走，防止影响其他胚胎出雏。

（2）鸡出雏期间出雏机相对湿度控制在 75％以上，鸭出雏时湿度在 100％以上。由于鸭蛋壳要比鸡蛋壳稍微厚一些，充足的水汽和空气中二氧化碳结合再与蛋壳中碳酸钙反应形成碳酸氢钙，使蛋壳变脆，有利于雏鸭啄破蛋壳。

（3）由于鸭的出雏持续时间比鸡长，为了缩短出雏时间和降低死亡率，可以进行人工助产。对一些已经达到出雏要求，但是自身出雏力量不足的胚胎，可以通过人工方法剥去气室周围的蛋壳，将雏鸭头从蛋壳中拉出，然后令其自己出壳。而鸡不需要，完全能自己出壳。

130. 怎样进行人工助产？

在鸭孵化过程中，可以对出壳困难的胚胎进行人工助产，防止难产的雏鸭死亡，可提高出雏率，降低经济损失。鸭胚的人工助产操作方法及注意事项如下：

助产要掌握好时机和手法，否则效果不佳。如果破壳不到1/3，啄壳时间较短，内膜发白，湿润、血管清晰充血，在这样的情况下不宜进行人工助产。此时操作不当，血管被撕断，胚胎流血，易造成死亡或残雏。如果破壳已过 1/3，啄壳时间较长，内膜发黄或焦黄，显得干焦，血管枯萎，绒毛已发干，但有些地方与壳膜粘连，用手指弹蛋壳时能发出清脆鼓音的胚蛋，这种情况就可以进行人工助产。可用手指从破壳的地方开始剥开，但要注意血管，轻轻撕剥，过于干燥时，可浸温水湿润后再行撕剥，最后可将头从翼下拉出，有时也可将雏鸭头颈露出，让其挣脱出壳，提高成活力。若指弹发出浊音，说明蛋黄囊完全吸入腹内，此时要用指甲沿啄壳的路线将蛋壳划破一圈，再放回原处，让其自行出壳。遇到干瘪壳膜包住的胚蛋，需用温水湿润后，再轻剥壳膜。对在蛋小头破壳的，可在啄壳处小心地取下一块壳，再顺着破口轻轻划开一条裂缝，等一段时间后即可自行出壳。待大批雏鸭出壳后，可以将通过人工助产尚未完全出壳的胚蛋并盘，推入出雏机，提高温度1℃、湿度15%左右，有利于加速出雏，从而提高孵化率。

131. 何为嘌蛋？ 嘌蛋有什么好处？

在孵化后期将接近出壳的胚蛋运往另外一个地方出雏的方法称为嘌蛋。嘌蛋是我国人民通过长期实践总结出来的一条创新性孵化技术，将后期胚胎发育、运输和出雏集为一体。在运送初生雏鸭时，尤其是天气太热或者太冷、运输距离较远、运输时间较长，对雏鸭的应激较大，容易造成运输途中雏鸭的损失。有时运输时间过长，还会错过最佳的开水和开食时间，造成僵鸭，造成经济损失。如果采用嘌蛋就可以解决直接运输雏鸭出现的一些问题。

嘌蛋需要做好以下几方面的工作：

（1）**嘌蛋时间** 根据胚蛋的胚龄和运输持续的时间，一般选择运输到目的地开始出雏或高峰出雏较好。胚龄接近落盘的胚蛋对外界的适应性较强，出雏率、健雏率会比较好。运输过程中只要能够保持胚蛋需要的温度，在一年四季的任何时间均可以进行嘌蛋。

（2）**嘌蛋用具** 装蛋的器具可以用木箱、竹篮等，外围需要密封好，内部铺垫棉被或稻草，其缓冲性能、保温性能好。运输工具最好采用带有加热、保温车厢的汽车。每个装蛋的器具里放的胚蛋数量不宜过多，防止胚胎供氧不足。

（3）**嘌蛋管理** 嘌蛋过程中，需要多监测胚蛋的状态，按照在孵化机内的孵化条件管理一样，这样可以减少运输造成的损失。由于在嘌蛋过程中，温度的提供完全由自温来满足，所以加强保温非常重要。在运输过程中，以蛋箱内温度计的指示温度来调整覆盖物的多少，必要时，可以表面淋雾加湿。环境温度最好保证在20～30℃之间。在此期间翻蛋的主要目的不是为了促进胚胎的运动，而是上下左右翻蛋，变换蛋的位置，使胚蛋受热均匀，增加胚胎发育的整齐度，使出雏有一个明显的高峰期，具体方法可以参照炕孵的翻蛋方法。嘌蛋期间蛋壳的脆性增强，剧烈的颠簸会使胚蛋碰撞而出现裂纹，造成胚胎死亡，因此要注意胚蛋不要叠放，行驶速度均匀，不要急刹车、急转弯和急提速。在路况不好的条件下，放低行驶速度，如有可能，轮胎用半气。如果在运输过程中部分出雏，应该及时拣雏，加强保温，按照出雏的管理办法实施。

132. 如何进行初生雏鸭的雌雄鉴别？

（1）翻肛鉴别法　此方法较为准确，但是速度较慢。具体操作为：鉴别者左手提鸭，用中指和无名指夹住雏鸭的两只脚，使鸭头向下，拇指靠近腹侧，轻压腹部排出胎粪；右手的拇指、食指按压肛门两侧即可翻开肛门。如在肛门口见到有像芝麻大竖立的粉红色小突起，即是阴茎，则为雄鸭；如仅有皱襞则是母鸭。鉴别时动作要柔、快，用力应松缓均匀，防止雏鸭受伤。鉴别者视力要好，以保证判断准确。鉴别环境要光线充足而集中，光线过强或过弱均容易使鉴别者眼睛疲劳，不利于鉴别。

（2）捏肛法　此方法需要有长期、丰富的经验。具体操作为：左手握住雏鸭，使其背部朝上、腹部朝下；用右手拇指和食指在雏鸭的肛门外部轻轻触摸，若手指间感觉到油菜籽或芝麻粒大小的突起物，可判断为雄雏，否则为雌雏。初学时可多触摸几次，但用力要轻，更不能来回搓动，以免伤及雏鸭肛门。此法简单、鉴别速度快，熟练者一小时可鉴别初生雏数量较多，准确率可达99%以上。

（3）顶肛法　此方法同样需要鉴别者有丰富的经验和较高的技术水平。具体操作为：左手握住雏鸭，以右手拇指和中指左右夹住雏鸭身体，食指在其肛门轻轻一压，如果手指间感到有一个油菜籽似的颗粒，即为阴茎，判为雄性。如果摸不到阴茎即是雌性。顶肛法鉴别的速度比翻肛法和捏肛法都快，但技术难度大，需经长期训练方能熟练掌握。

（4）体形鉴别　公雏喙长、头大、颈粗、脚杆高、尾羽尖、喙部毛边呈三角形；母雏喙短、头小、颈细、脚矮、尾羽散开、喙部毛边平滑。

（5）鼻孔鉴别 公雏鼻孔狭小，呈绒状，鼻边粗硬；母雏的鼻孔较宽大，圆状，鼻边较柔软。

（6）鼓室鉴别法 在颈的基部两锁骨内、气管分叉处，有一膨大的球状鼓室，是鸭的发音器官，从胸前可以摸到，直径为3～4毫米，位置偏于鸭体的左侧，且为雄雏所特有。触摸时，左手拇指和食指抬起鸭头，右手从腹部握住雏鸭，食指触摸颈基部，如感到有小突起，雏鸭鸣叫时感到振动，即是公雏；如摸不到即为母雏。

133. 如何选择健康雏鸭？

雏鸭出壳后应在温暖的环境中稍微休息，待绒毛全干后需进行分类，以便在育雏时分别管理，提高育雏成活率。健康雏鸭的识别主要通过看、摸、听和有无畸形四个方面来判断。

看：用眼观察雏鸭的精神状态，健康雏鸭常常表现为站立有力、活泼好动，反应机敏，眼大有神，羽绒整齐、柔软、干净，腹部柔软，卵黄吸收良好。不健康的雏鸭常表现为缩头闭眼或者眼无神、怕冷，羽绒玷污、蓬乱，腹大、松弛、脐口愈合不良、带血等。

摸：用手触摸雏鸭，感觉雏鸭健康状况。用手抓雏鸭时，若手指贴于脐部感觉平整无异物，无出血痕迹，同时手感雏鸭温暖、有膘、体态匀称、有弹性，挣扎有力表示为健康雏鸭；若感觉脐部有突起、出血、瘦小、体重轻、挣扎无力表示为非健康雏鸭。

听：用耳听雏鸭的叫声。健康雏鸭叫声清脆、短促，非健康雏鸭叫声微弱、嘶哑，或鸣叫不停、有气无力。

有无畸形：对于腿部、眼、喙等处有残疾或畸形的雏鸭，以及过于柔弱的雏鸭一般不能成活或者成活率很低，而且容易感染各种疾病，都应该淘汰。

另外，孵化率高的、在正常出壳时间出雏的雏鸭要比孵化率低的、过早或过迟出壳的雏鸭更健康，品质更好。

134. 孵化过程中要记录哪些内容?

在规模化生产中,做好孵化记录有利于孵化效果的分析,分析孵化效果的影响因素,可以为孵化场生产、经营、销售等工作奠定基础。在孵化过程中需要记录以下一些表格,如孵化室日常工作安排表、孵化成绩统计表、孵化温度记录表、翻蛋记录表、凉蛋记录表等,具体见表 4-4～表 4-7。

表 4-4　孵化室日常工作安排表

批次	入孵时间	品种名称	机号	头照时间	二照时间	三照时间	出雏时间	孵化人员
1								
2								
3								
4								
⋮								

表 4-5　孵化成绩统计表　　　　孵化人员:

项目		孵化批次				
		1	2	3	4	5
入孵时间						
出雏时间						
孵化机号						
入孵蛋数/个						
无精蛋数/个						
受精蛋数/个						
受精率/%						
出雏情况	健雏数/个					
	弱雏数/个					
	出雏数/个					
入孵蛋孵化率/%						
受精蛋孵化率/%						
健雏率/%						

表 4-6　孵化温度记录表

批　　　次：　　　　　　孵化机号：　　　　　　品种：
入孵时间：　　　　　　　出雏时间：　　　　　　孵化人员：

胚龄	室温 /℃	时间/小时						值班员签字			
		4	8	12	16	20	24	1～8	9～16	17～24	备注
1											
2											
3											
4											
5											
⋮											

表 4-7　翻蛋、凉蛋记录表

批　　　次：　　　　　　孵化机号：　　　　　　品种：
入孵时间：　　　　　　　出雏时间：　　　　　　孵化人员：

胚龄	室温 /℃	翻蛋时间/小时	凉蛋时间

135. 孵化过程中胚胎死亡的主要原因有哪些?

胚胎死亡在整个孵化期都会出现,大致可分为 4 个阶段,每个阶段的死亡原因都有差别。

(1) 孵化前期死亡　鸭孵化前期为第 1～8 天,此阶段会出现第一个死亡高峰。鸭胚在入孵后第 4～7 天,死胚数占全部死胚数的 15%,其主要原因是胚胎生长迅速,形态发生显著变化,各种胎膜相继形成，但是作用尚未完善；胚胎对外界环境的变化非常敏感，稍有不适胚胎就会发育受阻，甚至出现死胚。还有其他原因，如种鸭患病，在种蛋形成和产出过程中受到细菌和病毒的侵蚀；种蛋运输过程中剧烈颠簸，造成系带的断裂；种蛋贮存时间过长，贮存条件不好，比如温度过高或者过低甚至受冻等；孵化设备和种蛋消毒不当，通风时间短，有甲醛的残留；受到阳光的暴晒；孵化初期升温过快等。

（2）**孵化中期死亡** 鸭孵化中期为第8～15天，此阶段出现死亡主要原因是种鸭营养不良，饲料中缺乏维生素而导致胚胎发育的营养供应不足而死亡。

（3）**孵化后期死亡** 鸭孵化后期为第16～23天，此阶段会出现第二个死亡高峰。鸭胚在第22～23天，死胎数占全部死胚数的50％，其主要原因是胚胎由尿囊绒毛膜呼吸过渡到肺呼吸，胚胎的生理变化剧烈，代谢强度高，外部环境的变化应激大，对氧气的需求量大，自身产热量急增，易感染疾病。此时对孵化环境要求高，当出现温度过高、相对湿度过低、翻蛋次数和角度不够、通风换气不良和凉蛋不到位等时，都会造成发育中的胚胎死亡。由此可见，对此阶段的孵化条件的控制和调整可以提高孵化率，降低死亡率。

（4）**出雏期死亡** 鸭出雏期为第24～28天，此时出现死亡是因为胚胎出壳无力或者窒息死亡，具体是：由于吸收的营养不足、出壳持续时间过长、体力消耗大而死亡；气室中含氧不足，缺氧而死；孵化后期湿度不足，蛋壳脆性低，造成破壳困难。

当然，除了孵化条件和上述原因直接影响孵化效果外，还有许多因素与孵化效果有关，例如种鸭年龄、健康状况、环境变化、胎位不正、胚胎畸形等，在生产中应逐个检查分析。

136. 影响肉鸭种蛋孵化率的因素有哪些？

孵化率高低受到内部因素和外部因素的共同影响。内部因素是指种蛋自身品质，主要由遗传和饲养管理因素决定；外部因素是指种蛋保存的环境和孵化条件。影响孵化率的因素除了孵化过程中造成胚胎死亡的原因外，还有以下一些因素：

(1) 遗传因素 物种、品种、品系均会影响种蛋的孵化效果。通常体形较小的品种（系）孵化率比体形大的品种（系）高；体形较接近的品种（系）杂交所产种蛋孵化率要比体形差异大的品种（系）杂交所产种蛋孵化率高。

(2) 年龄 初产期间种蛋孵化率低一些，随着产蛋量逐步上升，孵化率也在提升，产蛋高峰期间所产种蛋孵化率最高，随后孵化率又开始呈下降趋势。

(3) 营养水平 胚胎的生长发育所需养分均由种蛋供应，而种蛋的养分是种鸭将日粮中的营养物质分解、吸收、转化而成。一旦日粮中某种营养成分缺乏，就会导致胚胎无力破壳、体弱、先天性营养不足而使死胎明显增加。如维生素 A 缺乏可以引起蛋黄颜色变浅、死胎多、生长迟缓、肾及其他器官有盐沉积、眼部肿胀、雏鸭出现眼病、胚胎无力破壳或破壳出不来；维生素 B_2 缺乏可引起营养不良、胚胎体小、颈弯曲、绒毛卷缩、脑膜水肿，出壳雏鸭侏儒体形、绒毛卷曲、脚麻痹、趾弯曲（鹰爪）等；维生素 D 缺乏可引起胚胎营养不良、皮肤水肿、肝脏脂肪浸润、肾脏肥大而出现死亡，胚胎出雏时间拖延，初生雏软弱；钙缺乏时，蛋壳薄而易碎，蛋白稀薄，雏鸭骨骼小且易畸形，颈部水肿，腹部突出。

(4) 管理水平 种鸭舍的环境状况与孵化率有关，若通风不良、温湿度高，种蛋收集不及时等都会导致种蛋较脏，影响孵化率。因此，必须科学管理，为种鸭提供良好的环境条件。

(5) 种鸭的健康状况 种鸭的健康状况直接影响种蛋的质量，如果种鸭患有疾病，会导致蛋品质严重下降，孵化率降低。在产蛋期间给予种鸭疫苗接种也会影响种蛋的品质。

137. 衡量孵化效果的指标有哪些?

(1) 受精率 受精率是指受精蛋占入孵蛋的百分比。受精蛋包括了孵化各阶段的死胚蛋、未出雏的胚蛋和雏鸭,血圈和血线蛋同样按受精蛋计数,散黄蛋按未受精蛋计数。

计算公式:

受精率(%)=(受精蛋数/入孵蛋数)×100%

(2) 孵化率 孵化率表示方法有入孵蛋孵化率和受精蛋孵化率两种,这两种方式均是衡量孵化效果的重要指标。

① 入孵蛋孵化率 入孵蛋孵化率是指出雏数占入孵蛋数的百分比,受到种鸭的饲养管理、种蛋保存及运输的诸多因素的影响。计算公式:

入孵蛋孵化率(%)=(出雏数/入孵蛋数)×100%

② 受精蛋孵化率 受精蛋孵化率是指出雏数占受精蛋数的百分比,比较直接地反映了孵化条件对孵化率的影响。计算公式:

受精蛋孵化率(%)=(出雏数/受精蛋数)×100%

(3) 健雏率 健雏率是指健康雏鸭数占出雏总数的百分比。健康雏鸭是指适时出雏,绒毛正常,脐部愈合良好,精神活泼,无畸形者。计算公式:

健雏率(%)=(健雏数/出雏总数)×100%

(4) 死胚率 死胚率是指在孵化过程中死亡的所有胚胎数占入孵受精蛋数的百分比。计算公式:

死胚率(%)=(死胚数/受精蛋数)×100%

138. 导致孵化率低、弱雏多的主要原因有哪些?

(1) 种鸭品质低劣、管理不善、营养不良、健康状况差、产蛋周龄过小或者过大等因素,以及种蛋自身因素。

(2) 种蛋保存时间过长,保存方式不当,导致种蛋水分蒸发过多或种蛋受到微生物的入侵。

（3）孵化条件不理想，在孵化过程中孵化温度过高或过低，湿度过大或过小，翻蛋次数不够或角度不合适，通风不良或换气不足，孵化机出故障时未能及时排除等因素。尤其是在孵化过程中，温度低会导致胚胎生长发育缓慢，湿度偏大会导致种蛋水分蒸发过慢，使雏鸭腹大，产生弱雏。

五、肉鸭的健康养殖技术

（一）雏鸭的养殖技术

139. 什么是雏鸭？ 雏鸭养殖应注意哪些生理问题？

雏鸭是指 0～3 周龄的肉仔鸭。雏鸭阶段是生产的重要环节，此时雏鸭刚刚孵化出壳，各项生理机能还不完善，对外界环境的适应能力还比较弱，需要从营养控制、饲养管理等方面采取措施，使其尽快适应环境，顺利地过渡到生长阶段。

雏鸭养殖应注意以下几方面的生理问题。

（1）**适应环境的能力较差**　雏鸭刚从蛋壳中孵化出来，各种生理机能还不是十分健全，十分娇嫩，适应外界环境能力较差，在管理上需要给予一个逐步适应环境的过程。

（2）**调节体温的能力差**　雏鸭绒毛稀短，自身调节体温的机能较差，不能抵御低温环境，应创造合适的环境温度，进行人工保温。

（3）**雏鸭的消化器官容积小，机能尚未健全**　刚出壳的雏鸭，其消化器官尚未经过饲料的刺激和锻炼，容积很小。食道的膨大部很不明显。

（4）**雏鸭生长速度快，代谢机能旺盛**　雏鸭饲养 4 周体重为初生重的 11 倍，所以需要丰富而全面的营养物质，才能满足生长发育的要求。

（5）**雏鸭的抗病机能尚未完善，抵抗力差**　刚出壳的雏鸭，抗病力弱，易得病死亡，需加强饲养管理，应特别注意做好卫生防疫工作。

140. 育雏方式有哪些？ 各有何优缺点？

育雏方式一般有 4 种，即地面育雏、网上育雏、立体笼育和自温育雏。

（1）地面育雏　育雏前在育雏舍的地面铺 6～8 厘米厚的松软垫料，将雏鸭直接饲养在垫料上，但饮水和采食不在垫料上。最好是水泥地面，防止垫料受潮；若是泥地面，可先铺一层生石灰。垫料要求干燥、清洁、松软、吸水性强、灰尘少，如切短的稻草麦秸、谷壳、锯木屑、碎玉米轴、刨花等。垫料潮湿后可局部或全部增加垫料，直到育雏结束后一次清理。采用地下（或地上）加温管道、煤炉、保姆伞或红外灯等加热方式提高育雏舍内的温度。地面育雏简单易行，投资少，但房舍的利用率低，且雏鸭直接与粪便接触，羽毛较脏，易感染疾病。

（2）网上育雏　在育雏舍内设置离地面 60～70 厘米高的金属网、塑料网或竹木栅条，将雏鸭饲养在网上，粪便由网眼或栅条的缝隙落到地面上。网眼大小随雏鸭的年龄增大而增大，可以下面铺较大网眼的底网，育雏初期在底网上面加铺一层较细网眼的细网，等雏鸭年龄稍大后撤掉细网；竹木栅条宽 1.25～2.0 厘米，间隙宽 1.5～2.0 厘米。网上育雏时雏鸭不与地面接触，感染疾病的机会减少，房舍的利用率比地面饲养增加 1 倍以上，提高了劳动生产率，节省了大量垫料，缺点是一次性投资较大。

（3）立体笼育　立体笼育一般采用类似雏鸡的育雏方式，将雏鸭饲养在特制的多层金属笼内，笼可以是重叠式也可以是阶梯式。这种育雏方式比前两种育雏方式更能有效地利用房舍和热能，既有网上育雏的优点，还可以提高劳动生产率，减少雏鸭的运动，提高肉鸭生长速度，缺点也是投资较大。目前生产商品肉鸭多采用网上育雏或立体笼育，肉用种鸭一般采用地面育雏或网上育雏。

（4）**自温育雏**　利用竹条或稻草编成的箩筐，或利用木盆、木桶、纸盒等作为育雏的用具，内铺稻草，依靠雏鸭自身的热量来保持温度，并通过增加或减少覆盖物来调节。这种方法简单、经济，但温度较难掌控，管理也比较麻烦，一般只适用于小规模饲养的夏雏和秋雏。应用此方法育雏时，覆盖物要留有气孔，不能盖得太严实，以免不透气而导致雏鸭闷死。使用的保温用具最好是圆形的，若是有棱角的用具，边角最好用垫草填塞，做成内圆形，以免雏鸭相互挤压。

141. 不同季节对育雏有何影响？

鸭的耐寒性较强，故不同季节对雏鸭的影响要比雏鸡小，但育雏季节不同，雏鸭所处的环境不一样，生长发育和成活率也有差异。圈养或笼养肉鸭，都可以采用全年孵化、全年育雏的方式。但小规模饲养则不同，我国各地地理条件、自然环境差异较大，育雏期的选择带有很强的季节性，一般来说，春季育雏效果最好，初夏与秋冬次之，盛夏为最差。所以，育雏季节的选择恰当与否，不仅关系到成活率的高低，也影响着饲养成本和经济效益。现将各季育雏的优缺点分述如下。

（1）**春雏**　是指从春分到立夏，甚至小满之间，即 3 月下旬到 5 月份孵出的雏鸭。特别是早春三月孵出的雏鸭，利用价值和生产能力最高。这个时期要注意保温，因为春天气候多变，忽冷忽热，雏鸭容易受凉。而春天外界气温适宜、空气干燥、自然通风条件好，能充分利用长日照，同时自然饲料丰富，又正值春耕播种阶段，放牧场地多，雏鸭生长快，省饲料，有利于雏鸭的健康及生长发育。

（2）**夏雏**　是指从芒种至立秋前，即从 6 月上旬至 8 月上旬孵出的雏鸭。这个时期气温高、雨水多，气候潮湿，农作物生长旺盛，育雏期短，也不需要什么保温措施，可节省保温费用。6 月上中旬饲养的夏鸭，早期可以在稻田放牧，帮助稻田除草，南方可以充分利用早稻收割后的落谷，节省部分饲料。但高温季节鸭的疾病也较多，易导致成活率低，故要注意加强防暑、防潮和防病工作。

（3）秋雏 是指从立秋至秋分，即从 8 月中旬至 9 月下旬孵出的雏鸭。与夏雏相比，此时秋高气爽，气温由高到低逐渐下降，雏鸭从大到小，正适合它对外界气温的生理需要，是育雏的好季节，特别适合种鸭育雏。但秋鸭的育成期正值寒冬，气温低、日照短，后期天然饲料少，故要注意防寒和适当补料。

（4）冬雏 是指从霜降至第二年春分，即 10 月下旬至次年 3 月上旬孵出的雏鸭。由于给温时间较长，活动多在室内，缺乏阳光和充足运动，因此生长发育较慢，培育成本较高。一般情况下，我国北方不宜饲养冬雏，而南方的冬雏相对较多。

以上所述着重是从气候条件的影响考虑的，在具体选择育雏季节时，还要结合鸭场的性质、任务和要求，以及种蛋供应情况及设备条件等很多因素。

142. 育雏保温方式有哪几种？ 各有何优缺点？

育雏常用的保温方式主要有烟道、保温伞、红外灯及热风炉等。

（1）烟道 分地上烟道和地下烟道两种。烟道建在育雏舍内，一头砌有炉灶，用煤或柴作燃料，另一头砌有烟囱，烟囱高出屋顶 1 米以上。通过烟道把炉灶和育雏舍连接起来，将炉温导入烟道内，通过烟道散热提高室温。地上式是把烟道砌在地面以上，操作不便，消毒也较困难，一般用于地下水位较高的地区。地下式是把烟道埋在地面以下，便于操作，散热慢，保温时间长，消耗燃料少，地面和垫料暖和干燥，适合于雏鸭伏卧地面休息的习性，育雏效果较好，用于地下水位较低的地区。

（2）保温伞 育雏保温伞通常用铁皮或纤维板等制成伞状罩，内夹隔热材料，以利保温，伞内装有热源，通过辐射传热，为雏鸭取暖，常用的有下列两种。

① 电热保温伞 伞内周围装有一圈电热丝，连通一组乙醚胀

缩饼和微动开关，随雏鸭日龄所需的温度进行调节，或用不同功率（瓦）的电热丝分装2～3圈，分别用开关按所需温度予以管理，见图5-1。其特点是伞温易调节，清洁、方便，但辐射面积不大，通常仅容纳雏鸭300～500只。

② 燃气保温伞　其是利用液化气或天然气，形状与电热保温伞相似。伞内温度自动调节，通过调节煤气进气管上的调节器控制流量，达到控温的目的。一般保温伞直径1.8～2.4米，可容纳雏鸭500～800只。

(3) 红外灯　红外灯育雏是利用红外线灯泡散发热量来育雏，装在保温伞或直接吊在育雏舍内，见图5-2。灯泡规格一般为250瓦，悬挂在离地或离网35～50厘米处，通常根据育雏所需温度调节悬挂高度。利用红外灯育雏方便容易，但灯泡易炸、易损坏，应注意更换。

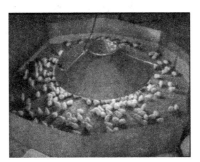

图 5-1　保姆伞育雏

图 5-2　红外灯育雏

（4）**热风炉**　热风炉是一种以空气为传热介质的供热设备，集燃烧与换热为一体。它是以炉体高温部位进行换热的最新间接加热技术，见图 5-3。热风炉加热时烟气和空气各走其道，加热无污染，热效率高达 60%～75%，升温快，体积小，安装方便，使用可靠。

图 5-3　热风炉

143. 怎样制订育雏计划？

　　为了提高养殖效益，防止盲目生产，育雏前要制订周密的育雏计划，包括育雏时间、饲养品种、供苗单位、育雏数量等。具体制订计划时要考虑以下几个问题：一是分析房舍及设备条件，全年生产计划与经营目标等；二是评估主要负责人的经营能力及饲养管理人员的技术水平，初步确定劳动定额和预算劳动力成本；三是分析饲料成本，计算所需饲料的费用；四是分析水、电、燃料及其他物资是否有保证，初步预算各项支出与采购渠道等。然后具体确定进雏及雏鸭周转计划、饲料及物资供应计划、防疫计划、财务收支计划、育雏阶段应达到的技术经济指标及详细的值班表和各项记录表格。

采取密闭式鸭舍育雏的规模化鸭场，可根据鸭舍周转情况，实行全年均衡育雏，基本不需考虑季节温度的影响。采用开放式鸭舍育雏的中小型鸭场和农村专业户，由于开放式鸭舍不能完全控制外界环境条件，选择适宜的育雏季节可提高雏鸭的成活率，育雏时结合市场行情和周转计划尽量安排在春秋季节。

144. 育雏前应做好哪些准备工作？

由于雏鸭自身的特点，要求在育雏前做好以下准备。

（1）育雏人员的培训　育雏工作是一项艰苦而细致的技术工作，上岗前要经过培训。要求育雏人员既要有高度的责任心和事业心，还要掌握过硬的育雏技术。

（2）育雏舍的准备　育雏舍要求有利于防疫、保温、通风换气，做到不进贼风、不漏雨、不潮湿、无鼠害。接雏前要对育雏舍的门、窗、墙壁和顶棚以及下水道等各个部位进行全面检查，发现有破损的地方要立即修补。若采用平面育雏则还要将育雏舍间隔成若干小间（每间约 20 平方米），便于分群饲养和调整鸭群均匀度。雏鸭饲养量的多少要根据鸭舍的面积和饲养方式来定。一般地面平养时按每平方米饲养 20～25 只来准备育雏室。

（3）育雏用具的准备　育雏用的保温设备、通风换气设备、光照设备、用具（如开食盘、草席、塑料薄膜，各种规格的食槽、饮水器等）等，应根据饲养的数量和饲养方式备足，并进行清洗、消毒。使用乳头式饮水器或普拉松自动饮水器时，保证上下水正常，不能有堵、漏现象。

（4）消毒　对育雏舍内外及饲养用具要进行全面消毒。对于鸭舍的墙壁、地面、金属网片可用火焰灼烧消毒，饲养用具清洗干净后用消毒溶液浸泡，再用清水冲洗干净，之后将所有的饲养设备安装好，料桶、饮水器等用具放入育雏室，地面平养铺好垫料，然后关闭门窗进行熏蒸消毒。消毒剂的选择要考虑到环保要求，选择没有污染危险的消毒剂，如育雏舍熏蒸可以用烟雾缉毒弹（主要成分为三氯异氰尿酸粉）。

（5）疫苗及药品的准备 育雏前准备好育雏期间所用的疫苗和常用药物。疫苗主要有禽流感疫苗、病毒性肝炎疫苗、传染性支气管炎疫苗等；药品主要有葡萄糖、消毒药、抗生素、多种维生素、中草药、抗球虫药、抗应激药等；消毒药如烟雾缉毒弹、来苏尔等。

（6）饲料饮水的准备 在进雏之前，对照雏鸭的饲养标准，确定好饲料来源，在雏鸭进舍之前第一周的饲料要到位，一般直接使用专业化饲料厂生产的粉料或颗粒破碎料。

（7）预温 育雏舍的温度在 28～30℃ 时，才能进雏鸭，因此在雏鸭进舍前 24 小时必须对育雏舍进行预热升温。尤其是寒冷季节，升温比较慢，预热升温时间更要提前。为了更好地进行温度控制，育雏舍必须配备温度计，便于随时了解育雏舍的温度控制情况，温度计悬挂在离雏鸭背高 10 厘米处。

145. 雏鸭运输过程中需要注意哪些问题？

初生雏鸭的运输原则是：迅速及时，舒适安全，注意卫生。初生雏鸭最好在 8～12 小时内运到育雏舍，如是远途运输也不要超过 48 小时，以免中途需要饲喂及造成不必要的损失。

雏鸭出壳后，经雌雄鉴别即可装运。运输雏鸭最好用专用的运雏箱，运雏箱四周均有小孔，供透气。运雏箱要坚固耐用，箱与箱之间应留有空隙，以便空气流通。每箱装运雏鸭不可过多，防止挤压。

运输时，每行运雏箱之间、运雏箱与车厢之间都要留有空隙。装卸运雏箱时要小心平稳，避免倾斜。运输车装运前要做好消毒等准备工作，避免中途停歇。早春运雏时要用棉毯或麻袋等遮盖运雏箱；夏季要携带雨布，并尽量在早晚凉爽时段运输。无论任何季节，运输途中都要注意雏鸭状态，每过一段时间要将雏鸭抄动一次，以免雏鸭拥挤出汗，造成伤亡或变为僵鸭。若发现雏鸭张口喘气，则是受热气闷的表现，可在阴凉处打开运雏箱晾凉。为了节省人力和运输成本，远途运输最好选择"嘌蛋"。

146. 适宜的育雏条件主要包括哪些方面？

（1）**温度**　雏鸭体温比成年鸭体温低 1～3℃，故对低温的耐受能力较差，体温会随环境温度的变化而变化，因此必须严格控制育雏温度。合适的温度有利于雏鸭运动、采食和饮水，生长发育也好。

育雏分为高温、低温和适温三种方法。高温育雏，雏鸭生长迅速，饲料报酬高，但体质较弱，而且要求房舍保温条件高，成本较大；低温育雏，雏鸭生长较慢，饲料报酬低，容易使雏鸭着凉，造成大批死亡，但雏鸭体质强壮，对饲养管理条件要求不高，相对成本较低；适温育雏，是介于高温和低温之间，从目前饲养效果看，以适温育雏最好，其优点是：温度适宜，雏鸭感到舒适，发育良好且均匀，生长速度也较快，体质健壮，符合绿色养鸭的饲养标准。

育雏温度包括育雏器温度和育雏舍温度，育雏器温度是指距热源 50 厘米、距地面 5 厘米（与雏鸭背部等高）处的温度；育雏舍温度是指远离门窗和热源，距地面 100 厘米处的温度，室温一般低于育雏器温度。通常讲的育雏温度也是指育雏器温度，测量时，若用保姆伞育雏，将温度计挂在伞边即可；立体育雏时，将温度计挂在笼内热源区底网上。较高的温度有利于雏鸭体内卵黄的吸收。

（2）**湿度**　湿度对雏鸭的影响没有温度那么重要，但如果控制不好，也会导致雏鸭出现异常。育雏前期，育雏舍温度较高，水分蒸发较快，此时的室内相对湿度要高一些，否则容易导致雏鸭干渴嗜饮，而减少采食量。表现为绒毛脆弱易脱落，脚爪干瘪，育雏舍内尘土、绒毛飞扬，易诱发呼吸道疾病。育雏后期，随着雏鸭的长大，呼吸量和排粪量都会增加，舍内水分蒸发量也增多，则湿度也就增高，如雏鸭久卧阴冷潮湿的地面，不但影响饲料的消化吸收，而且还会造成烂毛。

（3）**光照**　光照影响雏鸭的采食、饮水、运动和健康，对性成熟也有一定的影响。光照的主要作用是刺激脑下垂体，促进生殖系统的发育，所以在育雏后期若每天光照时间过长，就会导致种母鸭过早开产。

育雏期光照控制应遵照以下原则：①育雏初期采用较强光照以便雏鸭能正常采食、饮水并熟悉环境；②育雏中后期改用弱光，以免增加消耗；③育雏期内光照时间只能缩短，不能延长；④开放式鸭舍与半开放式鸭舍若需补充光照，补充时间不可或长或短，以免导致光刺激紊乱现象；⑤在规定的黑暗时间内要防止漏光。

（4）**通风**　雏鸭的新陈代谢旺盛，需氧量大，单位体重排出的二氧化碳量约比大家畜高出 2 倍以上，而且雏鸭排出的粪便经微生物的分解可产生大量的氨气和硫化氢等有害气体。为保证雏鸭的生长和健康，通风换气是必要的，但过量的通风又不利于保温，实际工作中，要协调好通风与保温之间的关系。具体措施为：在通风前适当提高育雏舍温度，通风后温度降到正常范围。通风要均匀，要注意防止贼风出现。

（5）**饲养密度**　饲养密度是指育雏舍内每平方米地面所容纳的雏鸭数。饲养密度因品种、日龄、饲养方式和环境而不同，密度过大，会造成雏鸭活动不开，采食、饮水困难，空气污浊，不利于雏鸭的生长；密度过低，每只鸭的活动范围大，饲养效果好，但房舍利用率低，能源消耗多，导致饲养成本增大。

除温度、湿度、通风、光照、密度等环境条件外，水质、噪声及鸭舍的环境卫生对雏鸭生长发育也有较大影响。随着雏鸭逐渐长大，排泄物不断增多，极易使小鸭绒毛沾湿弄脏，必须及时把育雏舍打扫干净，以保持干燥、清洁、卫生的良好环境。

147. 为什么说温度是育雏成败的关键？

由于雏鸭御寒能力弱，初期需要温度稍高些，因此提供适宜的温度是搞好育雏的关键。21 日龄以内的雏鸭，温度控制范围是：1 日龄 26～28℃；2～7 日龄 22～26℃；8～14 日龄 18～22℃；15～21 日龄 16～18℃。21 日龄以后，雏鸭已有一定的抗寒能力，如气温达到 15℃ 左右，就不必进行人工保温了。当遇到外界环境气温突然下降，要适当提高温度。

育雏温度的控制、调节：一方面应在育雏舍适当位置悬挂温度计，根据雏鸭需要的温度进行供温。另一方面要看雏鸭的具体行为表现来调节育雏的温度，如果雏鸭三五成群静卧无声，有规律地采食、饮水、排便、休息，说明温度正常；如果雏鸭缩颈耸翅，互相堆挤，或行走不稳并发出吱吱的尖叫声，说明温度过低，需及时调整；如果雏鸭远离热源，同时采食量减少、饮水增加，则说明温度过高，温度过高易导致雏鸭体质变弱，出现腹泻的概率增高，弱雏增加，同时也可能诱发呼吸道疾病。当出现贼风时，雏鸭会躲在热源的背面。雏鸭在不同温度条件下的表现见图 5-4。

在掌握和控制温度时还应注意以下几点：第一，防止温度忽高忽低，雏鸭对温度变化非常敏感，应尽量保持温度均衡，防止温差过大；第二，白天雏鸭活动较多，气温也高，温度可略低一些，夜间则要求略高一些；第三，弱雏温度略高一些，健雏的温度可低一些。

148. 雏鸭扎堆是怎么回事？

雏鸭扎堆一般发生在刚出雏后在孵化厅、运输途中或者育雏过程中，扎堆的原因主要是温度过低，雏鸭嫌冷，相互挤压。温度过低时，雏鸭相互靠近挤在一起，拥挤打堆，绒毛耸立，身体团缩、颤抖，食欲、饮水都降低，常发出"唧唧"的叫声。扎堆时体弱的雏鸭往往被压伤或压死，或因堆挤受热使雏鸭"出汗"受凉感冒或感染其他疾病而造成死亡。为防止雏鸭扎堆，孵化厅或育雏舍内温

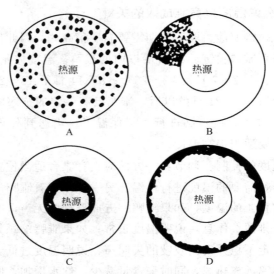

图 5-4　雏鸭对不同温度的反应示意图

A—适宜；B—贼风；C—太冷；D—太热

度控制要适宜并平稳，防止雏鸭受凉；育雏初期应该每隔 1～2 小时驱赶 1 次，可有效减少雏鸭扎堆的概率；雏鸭放水上岸后应有充分的理毛时间，以保持雏鸭身体和鸭舍内干燥，也可减少雏鸭的扎堆。

运输不当也可能引起雏鸭扎堆，比如装运雏鸭的纸箱中间没有分格、运输不平稳等都有可能引起雏鸭扎堆。为防止扎堆，运输雏鸭应采用专用的运雏箱，运雏箱一般分隔成 4 个小格，每格装 25 只雏鸭，每箱共装 100 只，可避免在运输途中雏鸭相互挤压而扎堆，同时也方便计数。运输过程也要注意车辆运行平稳，不能过分颠簸或车速过快，为达到平稳运行的目的，可将轮胎的气放掉一点，采用半胎运输，从而达到防止扎堆的目的。

149. 育雏室湿度有什么要求？ 如何控制？

育雏前期，容易出现高温低湿的情况，由于初生雏鸭身体的含水量较高（大约为75％），很容易失水导致体质下降，并影响剩余卵黄的吸收。所以，育雏的前几天应特别注意育雏舍的加湿并满足饮水供应，可采用地面洒水、舍内空气喷雾或往墙壁上喷水的办法来提高湿度。湿度过高会出现两种情况，一种是低温高湿，一种是高温高湿。低温高湿时，鸭舍内既冷又潮湿，雏鸭易受凉感冒，垫料潮湿，易发生球虫病等；高温高湿时，雏鸭体内热量不易正常散发，闷气，食欲下降，生长缓慢。随着雏鸭日龄增加，饮水量、采食量、排粪量相应增加，空气湿度增大，此时相对湿度应控制在50％～60％。育雏后期做到定时清除粪便，勤换、勤晒垫草，饮水器不漏水，加强通风换气工作，适当降低饲养密度。

150. 怎样解决育雏室内通风与保温之间的矛盾？

通风换气量要根据雏鸭的日龄、体重、育雏季节及温度变化灵活掌握，通风时不要让气流正对鸭群，不要有贼风。部分养殖户在饲养雏鸭过程中，为了保持室内温度而忽视通风，导致雏鸭体弱多病，死亡增加，特别是长时间不通风，突然通风后很容易引起雏鸭受凉而感冒。要解决好保温与通风之间的矛盾，可以在通风前先提高育雏舍的温度1～2℃，然后再通风换气，通风完毕降到原来的舍温，或在育雏舍顶部开出气窗也能收到良好的效果。育雏初期，由于雏鸭呼出的二氧化碳比较少，排出的粪便也较少，所以通风换气的要求不是很高，可以少通风。一周后的雏鸭可逐渐加大通风量，尤其在天气不很冷时，应每隔2～3小时进行通风换气1～2分钟。这样也可提高雏鸭对温度变化的适应能力。

151. 怎样控制育雏的光照？

光照强度的控制可通过以下几种方法实现：①改变灯泡的功率（瓦），育雏初期功率大些，后期改用功率小些的灯泡；②控制开关数量，通过控制开关灯泡的数量来达到控制光照强度的效果；③在育雏舍内安装调压器，通过变压器改变灯泡的亮度以达到控制光照强度的目标。

为了使鸭舍内获得均匀的光照强度，以及节省能源，灯泡的安装应靠近鸭群的活动区域，高度距离地面2～4米，灯泡交错安装，功率以节能灯5～8瓦较好。肉用仔鸭1～2日龄每天连续24小时光照，以后每天23小时照明、1小时黑暗，目的主要是尽可能延长采食时间，促进生长发育。

152. 怎样调整育雏时的饲养密度？

育雏密度应根据季节、雏鸭日龄和环境条件等灵活掌握，密度过大，鸭群拥挤，采食、饮水不均，影响生长发育，鸭群整齐度差，也易造成疾病传播；同时饲养密度过大，导致排出的粪便也多，鸭舍容易潮湿，雏鸭卧地休息时，腹部的羽毛容易烂掉或脱落；密度过大还容易造成舍内空气污浊，严重时可能会引起氨气及硫化氢中毒。密度过小，雏鸭采食、饮水、生长发育都很好，但房舍利用率低、不经济，增加了饲养成本。生产中，育雏初期饲养密度可以稍大些，以后随着雏鸭的生长而逐渐降低饲养密度；冬季及早春气温低时，育雏密度可稍大；夏季气温高，要降低饲养密度，适当疏散。合理的育雏密度见表5-1。

表 5-1　雏鸭育雏的密度　单位：只/（平方米）

日龄		1～10	11～20	21～30
加温育雏	夏季 冬季	30～35 35～40	25～30 30～35	20～25 25～30
自温育雏		以直径35～40厘米的笼筐为例，第1周每筐在15只左右，1周后约每筐10只		

153. 如何对雏鸭进行选择与分群？

（1）雏鸭的选择　雏鸭品质的好坏，直接关系到雏鸭本身的育雏率和生长速度，也关系到成年后的生产性能。因此，在购买雏鸭时必须加以选择，要考虑种鸭的饲养条件、种蛋的孵化条件以及雏鸭本身的质量等因素。

选择苗鸭前，最好要实地了解种鸭的饲养情况，苗鸭应来自无疫情地区。一般来说，种鸭饲养条件良好，如采用水陆结合饲养方式饲养的种鸭场，陆上运动场必须清洁、干净，水上运动场的水质清洁，这样的种鸭场基本具备了生产合格种蛋的条件，其种蛋在科学孵化条件下孵化的鸭苗，质量必定良好。

优质的种蛋，必须在良好的孵化条件下，才有可能孵化出优质的苗鸭。有些孵化场建筑及孵化器具十分简陋，甚至连基本的消毒设施都没有，不进行严格的科学消毒，这类孵化场不仅苗鸭的出雏率低，而且孵出的苗鸭也容易感染疾病。所以选择苗鸭时必须注意选择正规、孵化设施达到要求的孵化场孵出的苗鸭。

一般来说，鸭种蛋的孵化时间应为 28 天，实际上为 27.5 天，即当天下午入孵的种蛋，应在第 28 天的上午拿到苗。如果到时拿不到苗，则说明种蛋的孵化时间推迟，雏鸭的质量就有可能受影响。这种情况一般出现在孵化设施没有达到要求，孵化机内不同位置的种蛋在孵化期间的受热不均，导致不同部位的胚胎发育不一致，鸭苗出雏时间延长。凡迟出雏的苗鸭一般脐部血管收缩不良，容易在出雏时受到细菌污染，这种鸭苗应予剔除。

合格的苗鸭应该是：体质强壮、行动活泼有力，体膘丰满，眼睛大、灵活而有神，大小均匀，初生重一般为 40～42 克，体躯长而阔，臀部柔软，脐带愈合好、无出血或干硬突出痕迹；全身绒毛松、洁净、毛色正常；脚高、粗壮，胫、蹼光润，趾爪无弯曲损伤，还要特别注意雏鸭要符合本品种特征。凡是头歪、眼瞎、脚拐、喙部畸形、大肚皮和脐部收缩不好的雏鸭都应该剔除。

（2）及时分群　雏鸭分群是提高成活率的重要环节。雏鸭在"开水"前，应根据出雏的迟早、强弱分开饲养。笼养的雏鸭，将弱雏放在笼的上层、温度较高的地方。平养的要将强雏放在育雏室的近门口处，弱雏放在鸭舍中温度最高处。第二次分群是在"开食"以后，一般吃料后 3 天左右，可逐只检查，将吃食少或不吃食的放在一起饲养，适当增加饲喂次数，比其他雏鸭的环境温度提高

1~2℃。同时，要查看是否有疾病原因等，对有病的要对症采取措施，将病雏单独饲养或淘汰。以后根据雏鸭体重来分群，各品种都有自己的标准和生长发育规律，各阶段可以随机抽取 5%～10% 的雏鸭称重，未达到标准的要适当增加饲喂量，超过标准的要适当减少饲喂量。

154. 如何给雏鸭开水？

雏鸭出壳后第一次饮水称为"开水"（也称"潮口""初饮"）。由于雏鸭对脱水极为敏感，所以，饲养雏鸭要采取"早饮水、早开食，先饮水、后开食"的方法。开水的时间多在出雏后 24 小时左右进行，还要根据季节和雏鸭的健康状况适当做调整。传统的做法是：雏鸭出壳毛干后即分装（50～60 只/篓）在竹篓（直径 70～80 厘米，高 25～30 厘米）里，而后慢慢将篓浸入水中，以浸没鸭爪为宜，让鸭在浅水（水温约 15℃）中站立 5～10 分钟，雏鸭受水刺激，将会活跃起来，边饮水边活动，这样可促进新陈代谢和胎粪排出。

地面平养时也可以将雏鸭放在塑料布上，塑料布四周下边垫木条或竹竿，然后向塑料布上慢慢倒水，向雏鸭身上喷洒温水，这时雏鸭的绒毛上形成一颗颗晶亮的小水珠，雏鸭相互吮吸，从而达到开水的目的。

现代规模化养殖场给雏鸭"开水"也可采用饮水器，其更加方便，效率也高。为了减少运输造成的应激，"开水"时可在饮水中加入少量的电解多维、维生素 C，喂给 0.02% 抗生素或多维水，可防肠道疾病并补充维生素。开水时应分群分栏进行，并对没有学会饮水的雏鸭进行调教，方法是抓住雏鸭，将其喙沾到水，雏鸭本能地会将喙上的水珠吞下，反复几次就可以了。"开水"后饮水器内不能断水，饮水器放置位置不能离热源和鸭群太远。

155. 如何给雏鸭开食？

雏鸭出壳后第一次采食称为"开食"。"开食"时间过早、过迟都不利于雏鸭的生长发育。开食过早，雏鸭身体弱，采食活动能力差，达不到开食的目的；开食过迟，不能及时补充鸭所需的营养，使雏鸭体内养分消耗过多，雏鸭过分疲劳，降低了胃肠的消化吸收能力，易成为"老口"雏，以后则比较难以饲养。

开食常在开水后进行，此时大多数雏鸭都有求食的表现。传统开食饲料是用焖熟的大米饭或碎米饭，或用蒸熟的小米、碎玉米、碎小麦粒，将其撒在塑料布上，饲养员一边撒饲料、一边吆喝调教，引诱雏鸭啄食。喂料时要撒开、撒匀，使雏鸭采食时不拥挤，以免相互践踏，并让体质弱的雏鸭也有机会采食。这种饲喂方法饲料单一，营养不全面，雏鸭生长发育慢、成活率低。

随着养鸭业的发展，目前养鸭场或养鸭专业户，几乎全部饲喂破碎或小颗粒的全价颗粒料（如548小鸭料）作为雏鸭开食料。开食时要注意观察雏鸭的采食情况，一般吃六七分饱就可以了，对于没有吃到饲料的雏鸭，要单独抓出来进行调教。

156. 如何确定饲喂次数和饲喂量？

初生的雏鸭食道还未形成明显的膨大部，贮存饲料的空间很小；消化器官还没有经过饲料的刺激和锻炼，消化能力还比较差，所以要少食多餐。为了保持雏鸭旺盛的食欲，就不能让雏鸭随时吃到饲料，而是要将饲料拿走，定时饲喂，养成规律的采食习惯。10天以内的雏鸭，每天饲喂7～8次，其中晚上喂2～3次，以后随日龄的增长和采食量的增加，饲喂次数可逐渐减少到5～6次。15天后每天喂3次即可。如鸭子已经放牧饲养，则喂料时间、次数、数量应根据觅食情况而定。若放牧地自然饲料丰富，则只需夜间适当补饲。

雏鸭的饲喂量，因品种、类型和健康状况而定。一般开食前3天要适当控制，原则是所有的雏鸭都要吃到饲料，但不能吃得太饱。3天后就可以放开饲喂，每次都吃饱。喂料时，饲养员要注意观察，如雏鸭已经自动散开休息，表明已经吃饱，不需要再投料；

如雏鸭还围着人转，不肯离开，而且不断鸣叫，说明还没有吃饱，那就要适当增加饲料的投喂量，种用雏鸭每天可以增加饲喂一次青绿饲料。

157. 雏鸭的日常观察有何重要性？ 如何进行雏鸭的日常观察？

育雏过程中要定时对鸭群的采食量、饮水表现、粪便、精神、活动、呼吸等情况进行观察。雏鸭的生活状态会通过其日常行为等形式表现出来，饲养员通过对雏鸭的日常行为等的观察，可以及时、正确地了解雏鸭的精神和生长情况，掌握鸭群的发展动态、健康状况。根据发展变化情况适时调整饲养管理措施，尽早发现问题和解决问题，以保证鸭群的健康成长。切实做到鸭病的"早发现、早诊断、早治疗"。

（1）精神状态 健康的雏鸭活泼好动，精神饱满，反应敏捷，两眼有神，羽毛整洁、有光泽、无污染；不健康的雏鸭往往单独待在角落里，不愿走动，两眼无神、呆立或卧地不起，精神不振，低头垂翅，羽毛蓬乱、污脏，对外界的反应迟钝或无反应。

（2）采食和饮水 观察雏鸭是否正常采食和饮水，采食、饮水是否积极，健康的雏鸭争相采食、饮水，摄食和吞咽动作正常、有力。采食、饮水减少则可能有疾病感染。

（3）粪便 正常雏鸭粪便浓稠、呈灰绿色，带有一层白膜，根据所喂饲料成分的不同而有不同的变化。若粪便较稀，颜色青白、黄绿、赤红等，以及排粪无力，肛门周围粘有粪便等，是有病的征兆。

（4）生长情况 看羽毛颜色是否鲜亮有光泽，胫是否变粗短或变细，脸是否苍白，呼吸是否正常，有无咳嗽、甩鼻、啰音、鼻孔、喙是否有黏液流出，有无瘫痪、软脚，叫声是否清亮，鸭群是否怕冷打堆等。若出现以上症状，则说明雏鸭健康出现异常，要寻找原因。

对雏鸭进行日常观察早晨观察最重要，因为夜里雏鸭在黑暗的环境中基本没有什么活动，新排出的粪便没有被埋到垫料下面，如果粪便有异常，可以很容易观察到。同时，育雏期间，夜间一般不进行通风换气，育雏舍内有害气体浓度相对要大些，如果雏鸭有呼吸道症状，早晨通风之前表现会相对严重些，饲养员容易鉴别发现，便于及时采取相应措施。

总之，要把观察鸭群作为一项重要的工作来抓，不可掉以轻心，也不能流于形式，真正带着问题去看，为发现问题而观察，要善于发现鸭群中出现的新情况，早动手，早预防，做到防患于未然，减少不必要的损失。

158. 提高育雏成活率有哪些措施？

成活率是指育雏期末存栏量与育雏初存栏量的比值，是反映育雏成败的一项重要指标。提高育雏成活率主要从以下几方面考虑。

（1）要选择健雏进行饲养 健康的雏鸭体质健壮，成活率高，也容易饲养。在选择雏鸭时，要选择出雏时间正常、健壮活泼、眼睛灵活有神、个体大、体躯长而宽、腹部柔软无硬块、卵黄吸收良好、全身绒毛蓬松洁净、脚爪没有弯曲和损伤的雏鸭。

（2）了解雏鸭的生理特点 雏鸭的生理特点是采取饲养管理措施的基础，育雏过程中要按照雏鸭的生理特点来采取合适的饲养管理措施才能保证雏鸭的正常生长发育。

（3）选择适宜的育雏方式 合适的育雏方式对于育雏来讲也是至关重要的，育雏时要根据现有条件来选择适宜的育雏方式。地面平养适合于小规模育雏，网上平养适合中小规模育雏，笼育投入成本高，适合于大规模育雏。不同的育雏方式需要的条件也不一样，要根据自身的条件进行选择。

（4）做好育雏前的准备工作 育雏前要根据育雏的数量和季节做好充分的准备，确保有备无患，要准备好足够的料盘、水盘、保温设备、照明设备、水桶、刷洗用具、注射器、针头等，对育雏舍要进行仔细的清扫、消毒。充分的准备可以保证雏鸭有一个良好的生活环境，可以避免雏鸭受到不良因素的困扰，从而为提高成活率打好基础。

（5）掌握好育雏条件 育雏条件主要包括温度、湿度、通风、光照、密度五个方面，其中温度是育雏成败的关键。适宜的条件可以给雏鸭提供一个舒适的生长发育环境，是养好雏鸭的前提。

（6）搞好雏鸭的开水和开食 开水、开食是雏鸭出壳后第一次饮水和采食，关系到雏鸭生长发育阶段的采食、饮水状况。成功的开水、开食有利于剩余卵黄的吸收，促进雏鸭的胎粪排出、清理雏鸭肠道、刺激雏鸭的食欲，为后面的饲养打下良好的基础。

（7）加强雏鸭的管理 俗话说"三分饲养，七分管理"，可见管理对雏鸭养殖的重要性。包括育雏条件的控制和育雏的日常管理两个方面。雏鸭管理得好，则生长发育好，成活率也高。

（8）做好疫病的防治工作 做好疫病的防治是保证成活率的重要保障，疫病的流行轻则会影响雏鸭的生长发育，重则导致雏鸭死亡。必须贯彻"预防为主"的方针，采取各种措施，减少疫病的爆发流行。如果发生了疫病，也要及时发现、及时处理，尽量减少不必要的损失。

159. 如何减少雏鸭的意外死亡？

育雏期雏鸭的意外死亡主要是指冻死、饿死、咬死、夹死等。为了杜绝雏鸭的意外死亡，要做好以下几项工作。

（1）采取保温措施 初生的雏鸭体温比成年鸭体温要低 $1\sim3{}^\circ\!C$，所以怕冷，特别是第一周，雏鸭体温调节能力差，体温随环境温度的变化而变化，特别容易受冻。育雏初期需要温度稍高，随着日龄的增加，温度逐渐降低。在育雏期一定要保证有适宜的温度，一般前三天育雏温度不低于 $28{}^\circ\!C$。

（2）加强饲喂管理 初生雏鸭在有食欲的前提下看到饲料一般会主动采食，但也有少数雏鸭不会采食饲料，如果饲养员不注意就有可能造成这些雏鸭吃不上饲料，最终饿死，所以对于不会采食的雏鸭要进行调教。初生雏鸭胃肠容积小，新陈代谢快，所以要少食多餐，特别是育雏前期，每天要喂 7～8 次才能保证雏鸭生长发育的需要。饲喂过程中，白天饲喂一般都能正常，往往夜间容易被忽略，导致雏鸭十几个小时吃不上饲料。所以育雏人员的责任心和专业水平很重要。

（3）做好日常管理工作　育雏期间饲养员要注意随时观察雏鸭，及时发现问题。育雏期间要把育雏舍与外界相通的门窗、空隙堵死，防止老鼠、黄鼠狼等动物进入育雏舍。要经常检查笼网，是否有雏鸭被卡住，一旦发现及时处理。

（二）肉仔鸭生产技术

160. 什么是肉仔鸭？ 其有哪些特点？

肉仔鸭指肉鸭从 4 周龄至上市出售（或屠宰）。目前国内饲养比较普遍的有北京鸭、樱桃谷鸭、天府肉鸭、狄高鸭等。这些品种在良好的饲养条件下，肉仔鸭 49 天活重可达 3 千克以上，且鸭肉品质好，瘦肉率高，肉嫩多汁，风味独特。

肉仔鸭具有以下几个特点：

（1）生长迅速，饲料报酬高　肉鸭的早期生长速度是所有家禽中最快的一种。大多数白羽肉鸭 4 周龄体重可达到 1.8～2.0 千克，7 周龄体重可达 3.2～3.5 千克。7 周龄后增重速度下降，所以一般饲养到 7 周龄左右上市。

（2）体重大，出肉多　大型肉鸭的上市体重一般在 3 千克以上，胸肌发达，出肉率高，7 周龄上市的大型肉鸭胸肌可达 350 克以上。这种鸭肉肌间脂肪含量多，特别细嫩可口。

（3）适应性好，抗逆性强　仔鸭经过育雏期的饲养后，胃肠的消化机能已得到了充分的锻炼和提高，对环境的适应性也有所提高，各地都可以饲养。引种后在一个新的环境里仍然可保持较好的生产性能。如英国的樱桃谷肉鸭、法国的克里莫鸭，引进我国后，大部分地区都表现出了遗传性能稳定、产肉量高的优点。另外，肉鸭的疾病也比较少，临床常见的不到 10 种，比较好养。

（4）生产周期短，可大批量生产　由于肉鸭早期生长速度快，饲养 4～7 周就可以出栏，因此肉鸭的生产周期短，资金周转快，对集约化经营十分有利。肉鸭性情温顺、相互间打斗少、饲养密度大，可以进行大批量生产。规模化肉鸭生产多采取舍饲方法育肥，无季节性限制，为常年生产提供了良好的条件。

了解肉仔鸭的这些特点，并充分利用好这些特点，扬长避短，在仔鸭饲养管理方面就能取得最佳效果。

161. 影响肉仔鸭产肉性能的因素有哪些？

衡量肉鸭产肉性能的指标有：活重、饲料转化率、屠体重、半净膛重、全净膛重、屠宰率、胸肌率、腿肌率以及成活率等。

影响肉鸭产肉性能的因素主要有品种、饲料营养、性别、环境温度、饲养密度以及健康状况等。

（1）品种　不同品种肉鸭的生长速度、饲料转化率、胸腿肌率、抗病力、死亡率等存在较大差异。如北京鸭是世界著名的肉鸭品种，其生长速度快、生长期短、体形大、料重比低、肉质好、适应性强。饲养优良的品种在同等的饲养条件下，产肉性能要好。

（2）饲料营养　饲料品质与营养水平对肉鸭的生长发育影响极大。饲料品质是指饲料中各项卫生安全指标能够达到国家饲料卫生标准的要求，特别是不含有危害肉鸭健康的各种有害有毒元素，没有发霉变质的现象，饲料的消化率和利用率高。饲料营养水平的高低显著影响肉鸭的生长发育，营养水平好的饲料能促进肉鸭的生长发育。肉鸭的饲料中所含的代谢能、蛋白质、氨基酸、钙磷、维生素、矿物质等指标应满足肉鸭的营养需要。

（3）环境温度　环境温度对肉鸭的生长发育速度和健康有着较大的影响。高温易导致肉鸭采食量下降、活动量减少、生长发育受阻，甚至会因为热应激而导致疾病和死亡；环境温度低，肉鸭采食量增加，饲料转化率降低，增加了育肥的成本。

（4）**饲养密度** 饲养密度大，鸭舍内空气污浊、湿度大、含氧量低，氨气、二氧化碳、硫化氢含量高，容易造成肉鸭呼吸道黏膜损伤，增加鸭群感染疾病的机会，不利于肉鸭的健康。饲养密度大会减少肉鸭的运动量、采食量以及降低生长速度，增加肉鸭的伤残率和死亡率。

（5）**健康状况** 禽流感、鸭肝炎、大肠杆菌病、浆膜炎等对肉鸭健康危害极大，往往会导致大量死亡。疾病会使肉鸭新陈代谢出现紊乱、采食量减少或废绝，生长发育停止。因此，能否保证鸭群健康，不发生疾病，是养鸭取得高收益的关键。

另外，生长环境是否良好对肉鸭健康和生长发育也有较大的影响，鸭舍内地面和垫料是否干燥、清洁卫生以及垫料有否发霉都会影响鸭群的健康和生长发育。鸭舍内还要通风良好，空气新鲜。

162. 肉仔鸭是公母分养好还是混养好？

由于公母鸭具有不同的生理特点，公母分群饲养可以人为地创造适宜于各自生长的条件，可以解决饲养管理上的一些实际问题，混合饲养则不能很好地利用这些规律，也难以实行科学的饲养管理。公母分群饲养，提供不同的环境和饲料，可达到理想的育肥效果。公母分群饲养的好处主要表现在以下几方面。

（1）**提供不同的日粮营养** 母鸭沉积脂肪的能力强，易于育肥。母鸭不能有效地利用高蛋白饲料，而且多余的蛋白质在体内转化为脂肪也很不经济。因此，公母分群饲养后母鸭的日粮中要适当降低蛋白质水平，提高饲料的能量水平。公鸭沉积脂肪的能力差，能更有效地利用高蛋白饲料，因此，在给公鸭配制日粮时，可以适当增加蛋白质饲料的比例，降低饲料中的能量水平。

（2）**提供不同的环境条件** 公鸭羽毛生长比母鸭慢，育雏前期公鸭比母鸭怕冷，后期比母鸭怕热，所以在育雏前期要适当提高公鸭育雏的温度，后期要比母鸭舍温度低一些。

（3）**分期出栏** 由于公鸭生长快、母鸭生长慢，若公母鸭混养则必然会导致体重差异大，分布不均。公母分群饲养，可以分别控制生长速度，只要达到上市体重就可以分别上市出售，由此可以获得较好的饲喂效果和经济效益。

在实际生产中，特别是小规模饲养时，实行公母分群饲养会受到雌雄鉴别、鸭舍投资和管理等方面的制约。

163. 肉仔鸭日常饲喂应注意什么问题？

肉仔鸭日常饲喂直接影响到育肥效果，这个时期要根据其营养需要特点和各地区的饲料情况，适当调整饲料，在不影响育肥效果的前提下尽量降低饲料成本。舍饲育肥时饲喂可采用自由采食的方式，在早晨一次性加足饲料，任其自由采食；也可以按时饲喂，但要注意饲喂间隔，否则会影响育肥效果。放牧育肥则根据放牧地饲料情况而定，如果放牧地饲料资源不是很丰富，可在放牧回来后进行适当补饲。饲料尽量采用配合饲料，因为其营养均衡，能提供仔鸭生长发育所需要的所有营养成分，相对来说比较节省饲料，育肥效果要比自配料好。

164. 肉仔鸭光照管理有什么要求？

肉仔鸭光照的目的在于延长采食时间，促进生长发育。生产中光照的方法主要有两种：一是每天光照 23 小时、黑暗 1 小时，1 小时的黑暗目的是让仔鸭适应黑暗环境，防止突然停电而造成惊群；另一种方法是间隙式光照，白天采用自然光照，晚上采食时开灯，采完食后关灯，一般是光照 1～2 小时、黑暗 2～3 小时。间隙式光照可以节省能源、减少仔鸭的运动，提高育肥效果。光照强度以便于饲养员工作、仔鸭看到采食即可，一般为 5～10 勒克斯。

165. 肉仔鸭的饲养密度如何控制？

肉鸭的饲养密度与饲养方式有较大的关系。地面平养每平方米饲养数量为：4 周龄 7～8 只，5 周龄 6～7 只，6 周龄 5～6 只，7～8 周龄 4～5 只。具体视鸭群个体大小及季节而定。冬季气温低密度可适当增加，夏季炎热饲养密度应适当降低。环境气温过高时可让鸭群在室外过夜，但要做好安全保卫工作。网上平养、笼养可适当提高密度。现代养鸭生产中，为了环保和提高鸭的福利，在条件允许的情况下可尽量降低饲养密度。

166. 圈养肉仔鸭分群应注意什么问题？

肉仔鸭圈养过程中，容易出现大小不均的现象，因此在圈养时要注意进行大小、强弱、公母分群饲养。分群时，大的、强的一群，小的、弱的一群，正常生长发育的一群。不同的群按照不同的饲喂方案饲喂，以促进仔鸭的统一生长发育，达到整齐划一的目的。因为公母生长发育速度不同、饲料的转化率不同、对环境的要求也不同，所以应分开饲养，采取不同的饲养方案。通过不同的分群饲养方案，最终使得育肥鸭上市时体重、体质均匀一致，提高仔鸭的商品价值。

167. 肉仔鸭有哪些育肥方式？ 如何选择？

肉仔鸭的育肥常用的方法有放牧育肥法、舍饲育肥法、填饲育肥法三种。饲养者可根据现有条件和市场的供需要求来选择。

（1）放牧育肥 多与农作物收获季节紧密结合，是一种较为经济的育肥方法，南方地区采用较多。放牧前肉鸭先舍饲至 $40 \sim 50$ 天，体重达 2 千克左右，在农作物收割时期，可放到茬田内充分采食落地的谷粒和小虫。经 $10 \sim 20$ 天放牧，体重达 2.5 千克以上，即可出栏上市。

（2）舍饲育肥 在没有放牧条件或天然的饲料较少的地区多采用舍饲育肥。饲养至 5 周龄时转入育肥舍。育肥舍采用自然温度，夏季通风好，鸭舍清洁凉爽，控制舍内光线为弱光照。育肥时舍内保持安静，适当限制鸭的运动，自由采食，供水不断。经过 $10 \sim 15$ 天育肥饲养，可增重 $0.25 \sim 0.5$ 千克。舍饲育肥最好采用颗粒饲料，把饲料倒入饲料箱内，一次加足，任其自由采食。颗粒饲料适口性好，营养均衡，采食时间短，采食量大，育肥效果较好。舍饲成本高，不宜久喂，7周龄即可上市出售，且羽毛已基本长成，饲料的转化率较高，若再喂则肉鸭偏重，绝对增重开始降低，饲料转化率也降低。如要生产分割肉则最好养至8周龄。

（3）**填饲育肥** 填饲育肥就是采用人工的方法将高能量饲料填入鸭食道膨大部内，使其在短时间内快速增重和积聚脂肪。填饲期一般为2周。填饲减少了鸭采食过程中的能量损耗，同时填饲量比自由采食量要高，育肥效果比前两种都要好。具体内容详见后述。

168. 如何进行肉仔鸭的放牧育肥？

放牧育肥是一种传统的肉鸭育肥方法，其应用较广，耗料少，成本低。放牧育肥季节性较强，主要是结合夏收、秋收，在水稻或小麦收割后，将肉鸭赶至田中，觅食遗粒、各种草籽、昆虫以及其他饲料，使肉鸭获得较全面的营养而迅速生长，达到育肥的目的。也可利用天然河流、湖泊放牧育肥，特别是在水资源丰富的地区，水中动物性饲料丰富，符合鸭的食性，育肥效果较好。这种育肥方法特别适于麻鸭类型的地方品种，其体形小，行走方便、灵活，觅食力强。

在放牧之前要进行调教，一是调教鸭采食自然界的饲料，自然饲料主要是稻田里的杂草、害虫、遗留的稻谷，水里的螺蛳、小鱼、小虾等；二是要进行信号的调教，从育雏开始就用固定的口令训练，使鸭群便于管理，防止发生惊群而四散逃跑甚至践踏致死。口令因人而异，只要鸭群适应就好。较为通用的口令是："来—来—来"呼鸭集合吃料；"嘘—嘘—嘘"呼鸭慢走；"咳—咳—咳"大声吆喝，表示警告。常用的指挥信号是：前进——牧鸭人将放牧杆平放肩上，钝端在前、尖端在后；停止前进——牧鸭人将放牧杆横握于手中，立于鸭群前面；左右转弯——向左时，牧鸭人将放牧杆的尖端在右方不断挥动，杆梢指向左方，向右时，动作相反；停下采食——将放牧杆插在田的四方，表示在这个范围内活动。经过训练的鸭群就会安定下来采食。

放牧应慢赶慢放，吃饱吃好，尽量减少运动，以促进增重。放牧时间视季节和天气而定，一般上下午各 4 小时，中午赶到岸上休息。放牧的方法可以是一条龙放牧法，也可以是满天星放牧法，还可以是定时放牧法，具体根据实际情况而定。如果天然饲料丰富，也可减少补饲次数。夜间鸭舍要宽敞、干净、清净。一旦放牧区结束使用即将鸭群销售或屠宰。

169. 放牧饲养中应注意的问题有哪些?

放牧技术的好坏，直接影响到肉鸭的育肥效果，应注意下列技术要领。

（1）选择好放牧的往返路线，实地了解，安排好放牧场地。

（2）天然牧草的季节性很强，不利于常年放牧养鸭。因此，养鸭户应根据季节变化和牧草资源情况，确定适宜的养鸭时间，包括育雏时间、放牧时间、补饲时间等。

（3）上下河岸要选择坡度小、宽阔的地方，避免拥挤和踩踏现象的发生。上田、下河时赶鸭要缓慢。

（4）鸭群休息的河滩要选择平坦宽阔和有草的僻静处，防止糟蹋庄稼。在田间建造简易鸭舍时，应考虑防止鼠类侵害。

（5）鸭群在水中放牧时以逆水前进为宜，因为这样容易找到活食，很快可以吃饱。在有风的天气，最好逆风放牧，这样鸭毛不会被揭开，防止鸭受凉。

（6）放牧应在不使用农药的稻田、草场进行，防止鸭中毒；在稻田和草地施药期间，禁止放牧，或经过一定时间的安全隔离期后，再下田放牧。

（7）在发生过鸭瘟的地方、或在患传染病鸭走过的地方，以及被矿物油和企业排放的有害污染物污染的水面、稻田，不能放牧，以确保肉鸭的健康和安全。

（8）在放牧饲养肉鸭的同时，应补饲营养丰富的配合饲料，以提高放牧肉鸭的生长速度，缩短饲养期。

170. 肉仔鸭实行"全进全出"的饲养制度有什么好处?

"全进全出"是指同一栋鸭舍或全场同一时间内只养同一日龄的肉用仔鸭,养成后又在同一时间出场。采用这种饲养制度,可在每批肉仔鸭出场后进行彻底的清扫、消毒,切断病原的循环感染。目的是便于饲养管理,提高饲养肉鸭的经济效益。"全进全出"制简便易行,其优点主要表现在以下三方面。

(1) 切断循环感染的途径,防止疾病传播 如果不同日龄的肉鸭混养在一起,则新引进的鸭与原来的鸭之间就会产生病原的交叉感染,使病毒在鸭群之间互相传播,年复一年,循环往复,整个鸭场疾病会越来越多,有些病毒的毒性还有可能会增强,使鸭群耗料增加而生长变慢,死亡、淘汰增多。混养对较小的雏鸭来说是非常危险的,因为有些病原感染后可能在大点的鸭身上不会表现出来,但是小鸭感染后由于抗病力弱就会出现发病,造成经济损失。

(2) 便于鸭群的管理和统一贯彻技术措施 采用"全进全出"制,饲养期内饲养管理方便,环境条件容易控制,便于进行机械化操作。由于鸭群处于同一日龄,雏鸭可以同时保温、同时撤温,使用同一个饲料配方、光照制度和接种方案。鸭群可以在同一时间调整饲料和改变环境条件,技术措施得到统一贯彻。同时,肉鸭出场后,在一段时间内全场无鸭,可进行全面消毒,既消灭了病原体,又杜绝了疾病相互传染的途径,从而利于鸭群的健康和安全生产。

(3) 生产效率高 采用"全进全出"的饲养制度与混养相比,生产连续、鸭群增重快,饲养耗料少,死亡率低,经济效益好,也是养鸭制度上实施防疫的一项重大措施。所以,无论是大规模养殖还是专业户养殖都宜采用"全进全出"的饲养制度。

171. 如何判定肉仔鸭的育肥程度?

肥育的仔鸭,体躯呈方形,羽毛丰满、整齐光亮,后腹下垂,胸肌丰满,颈粗呈圆形。肉仔鸭肥度都达到中等以上,体重和肥度整齐均匀,说明育肥效果好。当育肥鸭达到上等肥度即可上市出售。根据翅膀下体躯两侧的皮下脂肪沉积情况，把肥育标准分为三个等级：

（1）上等肥度　翅根皮下能摸到较大的结实而富有弹性的脂肪块，整体皮下脂肪增厚，尾部丰满，胸肌饱满突出，羽根呈透明状。

（2）中等肥度　翅根皮下能摸到板栗大小的稀而松的脂肪小团块。

（3）下等肥度　皮下脂肪增厚，鸭体皮肤可以滑动。

172. 如何提高肉仔鸭生产效益？

要提高饲养肉仔鸭生产的经济效益，主要从以下几方面着手。

（1）控制生产成本　仔鸭生产的成本主要由饲料、固定资产折旧、工资、防疫、燃料动力以及其他直接费用和企业管理费等组成。其中饲料成本占生产成本的70%左右，降低饲料成本是降低生产成本的关键。具体措施有：一是合理设计饲料配方，在保证仔鸭的营养需要的前提下，尽量降低饲料的价格；二是控制饲料原料价格，最好采用当地盛产的原料，减少运输费用，少用高价原料；三是周密制订饲料计划，减少积压造成的浪费；四是加强综合管理，提高饲料转化率。

（2）搞好仔鸭营销　仔鸭的饲养周期短，当体重达到要求就必须马上上市。否则多养几天，仔鸭的体重超过市场需求会降低经济效益，而且过了生长发育高峰，仔鸭的饲料转化率也会降低，增加了成本。另外，仔鸭饲养前还必须进行市场调查，了解市场价格、市场需要的体重等，计算会产生的经济效益，然后再决定是否饲养，绝不能盲目生产。仔鸭上市前还要了解市场价格波动情况，当市场价格处于上升趋势时，可以适当延长饲养时间；当市场价格处于下降通道时，应尽早出栏，减少损失。

173. 肉鸭健康养殖应怎样控制和减少药物残留？

（1）确定休药期和最高残留限量　肉、蛋中药物残留与使用药物的种类、剂量、时间及品种、生长期有关。不同兽药在机体内的消除规律不同，有的药物使用后很长时间还可以检测到，有的药物使用后很快就会代谢掉。为了保证畜牧业的健康发展和鸭产品的安全性，兽药使用准则中规定了用于预防治疗的抗菌药、抗寄生虫药等的兽药品种、给药途径、使用剂量、疗程、休药期及注意事项等。

休药期是指停止给药到许可屠宰或它们的产品许可上市的间隔时间。目的是减少或避免供人食用的鸭产品中残留药物超标。在休药期间，动物组织或产品中存在的具有毒理学意义的残留可逐渐消除，直到达到低于"允许残留量"。休药期随动物种属、药物种类、制剂形式、用药剂量及给药途径等不同而有差异，可以从数小时到数周，这与药物在动物体内的消除率和残留量有关。

最高残留限量亦称为允许残留量，是指在屠宰以及收获、加工，直到被人消费这一特定时间内，食品中药物或化学物质残留的最高允许量，以毫克/千克表示。

(2) 合理使用抗菌药物和抗寄生虫药　养鸭生产中合理应用抗菌药对鸭肉中药物残留带给人体健康的影响甚为重要。应该限制人用抗菌药或容易产生耐药性的抗生素在鸭养殖生产中的使用范围，不能将这些药物用作饲料添加剂。

(3) 加强兽药残留的检测与监督　建立有效的兽药残留检测和监督制度，分别从饲料和饲料添加剂、肉鸭屠宰后胴体组织检测，发现有违禁药物残留和兽药残留超标的产品一律不得销售。要按照实施健康养殖肉鸭兽药使用准则的全部过程建立详细记录，包括免疫程序记录：疫苗种类、使用方法、剂量、批号、生产单位；治疗记录：发病时间及症状、预防和治疗用药经过、药物种类、使用方法及剂量、治疗时间、疗程、所用药物商品名称、生产单位及药品批号、治疗效果等。

174. 造成药物残留的主要原因有哪些？

(1) 预防用药不当　长期反复使用同一类药物预防疾病（如预

防球虫病、白痢等），饲养者普遍在饲料中添加一定数量的抗生素或抗寄生虫药（氨丙啉、氯羟吡啶、球痢灵、盐霉素、四环素等）在生产中反复使用，造成药物累积而导致产品中药残超标。

（2）**药物使用不规范** 盲目提高治疗剂量及同时使用多种抗生素，有的养殖户及兽医使用抗生素（如青霉素、氨苄青霉素等）的临床剂量越来越大。药物饲料添加剂长期使用，致使治疗用药时需加大剂量。有的兽药商品名与主要成分相差甚远，还有的标签并未注明成分，养殖户不清楚，使用中加大了药物剂量，造成中毒或残留。大量、频繁地使用抗生素，可使鸭产品中的耐药致病菌很容易感染人类，而且抗生素药物残留可使人体内的细菌产生耐药性，扰乱人体微生态平衡，从而产生各种毒性作用。

（3）**不遵守兽药使用规范** 有的药物使用有特定的对象和休药期的规定，由于受市场经济的影响，而忽视药物残留，有些药物对某些疾病治疗效果好，但不适于屠宰前使用，如磺胺喹噁啉等抗球虫药，宰前需停药7天，泰乐菌素，对革兰阳性菌和一些阴性菌有抗菌作用，对支原体特别有效，屠宰前需停药8天。

（4）**滥用药物添加剂** 科技的进步使人们发现在饲料中添加某些药物可促进肉鸭生长，提高饲料转化率或生产出能迎合人们所需要的产品，从而导致这类药物被饲料生产企业或养殖者盲目使用。甚至有个别饲料厂为了经营效益，在饲料中添加一些药物而在标签和说明书中未标注，养殖户不清楚，一直使用这些饲料饲喂到上市，结果会造成药物在鸭肉中的残留。

（5）**使用违禁药物** 国家规定，严禁在所有食品动物中使用性激素类的己烯雌酚及其盐、酯及制剂；兴奋剂类的克仑特罗、沙丁胺醇、西马特罗及其盐、酯及制剂。所以养殖场（户）要严格控制，不得使用国家禁用药物。

（6）**屠宰前用药** 在屠宰前肉鸭发生疾病，为治疗疾病而使用药物，肉鸭未康复或药物未过停药期，产品中药物残留很容易超标。

175. 药物残留有什么危害?

(1)对人体健康产生危害　养殖生产中药物的滥用已造成了药物残留、细菌耐药性以及内源性感染等后果,这些问题直接影响了畜产品的质量,被污染的食品流入市场,就会对人类的健康造成不良影响。调查研究结果证实,长期食用有药物残留的畜产品势必会导致人体各个器官与身体机能系统出现严重损伤。例如畜产品中所含有的生长类激素将导致人体内分泌出现严重紊乱,儿童长期食入也会导致发育异常;畜产品中所含有的盐酸克仑特罗将导致食入者出现肌肉异常性振动以及血压升高等问题。

(2)导致畜牧业发展受阻　研究结果表明,长时间受到药物残留问题影响的畜禽存在较高的发病可能性,导致疫病控制及治疗难度加大。这一问题直接导致了畜产品饲养成本的盲目增加与养殖企业养殖积极性受挫,从而无法确保畜牧业正常发展。随着国际、国内对食品卫生要求标准的提高和逐渐法制化,对产品进入市场销售还会造成影响,使养殖者遭受损失。

(3)对环境的危害　肉鸭用药以后,药物以原形或代谢物的形式随粪、尿等排泄物排出,残留于环境中。绝大多数药物排入环境以后仍然具有活性,会对土壤微生物、水生生物及昆虫等造成影响。进入环境中的药物,在多种环境因子的作用下,可产生转移、转化或在动植物中富积。

(三)肉用种鸭的饲养管理

176. 种用肉雏鸭的选择有什么特殊要求?

肉用种鸭要求早期生长发育快,育肥性能好,脂肪分布均匀,肉质优良,繁殖力与适应性强,体形外貌要具有肉用型鸭的品种特征。选种前要充分考虑到影响肉鸭生产性能的一些性状。俗话说:"公鸭好,好一坡;母鸭好,好一窝",因此,种公鸭的选择比种母鸭的选择更为重要,在选种时要特别注意。

留种肉雏鸭的选种方法通常有两种，一是根据雏鸭的体形外貌和生理特征选择，二是根据系谱和生产记录的资料进行选择。生产实践中常将两种方法结合起来进行选择。

根据体形外貌选择时，要选择那些精神好、羽毛顺、叫声响亮、挣扎有力的健康雏鸭，绒毛、喙、蹼、趾的颜色要符合本品种标准，把不符合品种标准要求的变种淘汰。把略有缺陷的、肚子大而软的、腹部有硬块的、脐带未收好的以及脐部发炎的弱雏淘汰。

有些性状的选择单凭体形外貌是很难达到预期效果的。所以在进行体形外貌选择的同时，要根据记录成绩和系谱进行选择。一个正规的育种场必须要有严格的生产性能记录，记录的项目包括产蛋量、蛋重、蛋形指数、开产日龄、饲料消耗量、种蛋受精率、孵化率、雏鸭成活率、育成鸭成活率、初生体重、育雏结束体重、育成期末体重、开产体重、500日龄体重等。有了这些资料，再根据系谱资料、本身成绩、同胞成绩、后裔成绩等指标进行选择。

177. 生长期肉种鸭的管理要点有哪些？

（1）**创造良好的饲养环境**　培育优质的种公雏，必须提供良好的饲养环境，包括鸭舍的温度、湿度、光照、空气、饲养密度及通风等。特别是光照，生长期的光照原则是不能延长光照时间或增加光照强度，以防过早性成熟。5～20周龄，每天固定9～10小时光照，实际生产中此时多采用自然光照。为给生长期的种鸭提供一个适宜的生长环境，还必须做好垫料的铺设工作。除炎热的夏季外都要铺设垫料，冬季铺垫料时间长些，夏季雨水多，要及时更换潮湿的垫料。

（2）**实施科学的饲喂方式**　腿胫长短直接影响到公鸭交配时的爬跨，腿脚粗短的公鸭在交配时不易平稳地抓牢母鸭的肩背，往往容易滑落或抓伤母鸭。4周龄以后的公鸭腿胫生长很慢，所以在育雏期应采取自由采食的方法，使公鸭生长潜力得到充分发挥，不可限制早期生长。

（3）实行分群饲养 根据鸭群的生长状态适时进行分群，按强弱、大小分为几个小群，将体重较轻、体质较弱、生长缓慢的分为一群，进行集中饲养，加强管理，促使其尽快生长发育。生长发育特别快的个体则可以早一点开始限饲，以控制其生长速度，直到所有个体相差不大时再制订统一的限饲制度。

（4）洗浴 生长期的肉种鸭适当进行洗浴可增强活动，促进新陈代谢，促进鸭体的肌肉和羽毛生长，又可清洁羽毛，使外表美观。每天定时放水洗浴，但洗浴的时间不宜过长。

178. 生长期肉种鸭为什么要公母分群饲养？

种鸭生长期的饲养管理水平直接影响到种蛋的受精率和商品代肉鸭的生产性能，因此，从生长期的各个环节都要注意加强饲养管理。公鸭对后代的影响要比母鸭大得多，所以对公鸭的饲养要求也比母鸭要高，在育雏期就要对种公鸭进行细致管理。实施公母分饲，也有利于育成期的体重控制。公母分饲时，并不是公母绝对分开，要使种公鸭在生长的过程中有"性的记忆"，公鸭栏中可以混有少量的母鸭，若在没有母鸭的伴随下单独饲养的种公鸭成年后受精率会相对低一些。

179. 青年肉种鸭饲养管理中应注意什么问题？

青年肉种鸭的饲养管理好坏直接影响到产蛋期的效益，因此在饲养管理中要注意以下几个方面的问题。

（1）保持料槽和水槽的清洁，不能让料槽内有粪便等脏物，运动场和水槽要经常清洗。

（2）育雏结束进入育成期时，由于鸭体格的增大，应适当降低饲养密度。可按舍内面积 3～3.5 只/平方米计算每栏饲养的种鸭只数。

（3）进入产蛋期以前，即在 22～24 周期间要安置好产蛋箱，以便让鸭熟悉使用。

（4）观察鸭群是实现科学养鸭、科学管理的基础。随时观察鸭群的健康状况和精神状态，针对存在的问题，及时采取有效措施，以保证鸭群的正常生长发育，提高种鸭场的经营管理和技术管理水平。

180. 青年肉种鸭放牧管理要点有哪些？

放牧饲养是我国传统的饲养方式。放牧时在平地、山地和浅水、深水中潜游觅食各种天然的动植物性饲料，节约大量饲料，降低生产成本，同时使鸭群得到锻炼，增强体质，较适合于养殖户的小规模养殖方式。采用这种方法比较浪费人力，常见的放牧方法有以下三种。

（1）**一条龙放牧法** 这种放牧法一般由 2～3 人管理（视鸭群大小而定），由最有经验的牧鸭人（称为主棒）在前面领路，另有两名助手在后方的左右侧压阵，使鸭群形成 5～10 层次，缓慢前进，把稻田的落谷和昆虫吃干净。这种放牧法适于将要翻耕、泥巴稀而不硬的落谷田，宜在下午进行。

（2）**满天星放牧法** 即将鸭驱赶到放牧场地后，不是有秩序地前进，而是让它散开来，自由采食，先将具有迁徙性的活昆虫吃掉，留下大部分遗粒，以后再放。这种放牧法适于干田块或近期不会翻耕的田块，宜在上午进行。

（3）**定时放牧法** 群鸭的生活有一定的规律性，在一天的放牧过程中，要出现 3～4 次积极采食的高潮、3～4 次集中休息和浮游。根据这一规律，在放牧时不要让鸭群整天泡在田里或水上，而要采取定时放牧法。春末至秋初，一般每天采食 4 次，即早晨采食 2 小时、9～11 时采食 1～2 小时、下午 2 点半至 3 点半采食 1 小时、傍晚前采食 2 小时。秋后至初春，气候冷，日照时数少，一般每日分早、中、晚采食 3 次，饲养员要选择好放牧场地，把天然饲料丰富的地方，留作采食高潮时放牧。由于鸭群经过休息，体力充沛，又处在较饥饿状态，所以一进入牧地，立即低头采食，对饲料的选择性降低，能在短时间内吃饱，然后再下水浮游、洗澡，在阴凉的草地上休息，这样有利于饲料的消化吸收。如不控制鸭群的采食和休息时间，整天东奔西跑，使鸭子终日处于半饥饿状态，得不到休息，既消耗体力，又不能充分利用天然饲料。

181. 育成期肉种鸭为何要限制饲养？ 其目的和方法有哪些？

限制饲养简称限饲，就是人为地控制鸭的采食量或者降低饲料营养水平，以达到控制体重和性成熟时间的目的。肉种鸭育成期生长发育迅速，采食量大，如果不加以控制，必然会导致采食过量，脂肪沉积过多，体重过大，影响种用性能。实践证明，只有鸭群体重与体形一致性良好时，才能有好的生产性能。体形发育不好或体重偏轻的鸭群，产蛋早期蛋重小，畸形蛋多，孵化率低；体形发育不好、体重超标的鸭群会发生严重的脱肛现象。因此，在育成期要限制饲养，使其协调发展。限饲控制了卵巢的发育和体重，个体间体重差异缩小，可使肉鸭性成熟适时，开产日龄整齐，初产蛋重大，产蛋率上升快，产蛋高峰持续时间长。

限饲的目的一是有效地控制体重，防止肉鸭过肥。育成期肉鸭食欲好，吃得多，长得快，脂肪沉积也多，容易导致体重过大、过肥。限饲控制了鸭的体重，可以提高肉鸭在产蛋期的饲料报酬。二是控制性腺发育，使鸭群适时开产。育成期正处于卵巢、输卵管快速发育的阶段，如果不进行限制，会导致母鸭过早性成熟，开产早，蛋小，产蛋持久性差。三是节省饲料，限饲的鸭采食量比自由采食少，可节省 10％～15％ 的饲料，降低饲料成本。四是通过限饲，可以使得一些病弱残鸭自然淘汰，从而提高产蛋期的存活率。

限饲方法有限质法和限量法两种。限质法即是控制饲料质量、降低日粮营养浓度，特别是对粗蛋白、能量的控制，将饲料中粗蛋白含量降到 13％ 左右，代谢能降到 10.88～11.30 兆焦/千克，钙、磷等微量元素和维生素保持不变。饲料的总量保持不变，减少的营养物质可用统糠、草粉等粗饲料代替。限量法即是减少饲料的喂料量，饲料的营养成分保持不变，而达到减少采食量的目的。

182. 如何进行肉种鸭育成期的限饲？

限饲一般从第四周开始。第三周末，鸭群随机抽样 10％个体，空腹称重，计算平均体重，与标准体重或推荐的体重相比（樱桃谷鸭父母代种鸭标准体重见表 5-2），来确定下周的喂料量。同时，把每周的称重结果绘成曲线与标准曲线相比，通过调整饲喂量，使实际曲线与标准生长曲线基本相符，一般每周加料量在 2～4 克为宜，每周保持体重稳定增长的幅度。若体重低于标准体重，则每天每只增加 5～10 克，若还达不到标准体重，则延长加料时间；若高于标准体重，则每天每只减少 5 克，直至达到标准体重。每天喂料量和每天鸭群只数一定要准确，将称量准确的饲料在早上一次性快速投入料槽，加好料后再放鸭子吃料，尽可能使鸭群在同一时间吃到料，防止有的鸭吃得过多而使体重增长太快，有的鸭吃得过少使体重上升太慢，达不到预期标准，饲料营养要全面，所喂饲料在 4～6 小时内吃完。

表 5-2　樱桃谷鸭父母代种鸭标准体重　　单位：千克

周龄	母鸭	公鸭	周龄	母鸭	公鸭
4	0.967	1.112	16	2.752	3.107
5	1.335	1.532	17	2.785	3.14
6	1.757	2.015	18	2.807	3.16
7	1.945	2.226	19	2.851	3.204
8	2.133	2.439	20	2.885	3.227
9	2.21	2.523	21	2.918	3.269
10	2.287	2.606	22	2.962	3.313
11	2.365	2.691	23	2.996	3.346
12	2.442	2.774	24	3.04	3.39
13	2.52	2.858	25	3.072	3.421
14	2.597	2.941	26	3.105	3.452
15	2.675	3.025			

183. 肉鸭限饲过程中需要注意哪些问题？

肉种鸭限饲期间要注意以下几个方面的问题：

（1）**保证有足够的采食饮水位置**　在限饲期间，由于饲料量的减少，种鸭常常处于饥饿状态，喂料时争抢激烈，如果料槽、水槽位置不够，必定有的鸭吃不到饲料、喝不到水，影响鸭群的正常体重和整齐度。因此，在限饲期间，每只鸭要保证有 15～20 厘米的采食位置、10～15 厘米的饮水位置。确保饲料投喂后所有的鸭都能同时采食，料槽不够时可将饲料直接撒在干燥的地面上。

（2）**称重必须空腹，要准确**　掌握种鸭确切的体重对于正确确定饲喂量非常重要。称重一般每周末或周一饲喂前进行，随机抽取 10% 的种鸭，逐个称重，记录数据，然后根据体重决定下周的饲喂量，将体重控制在一定范围内。如不达周龄体重，下周应酌情增料；但增料幅度不能太大；如超过周龄体重，下周喂料量不变，直至达周龄体重后再增料。比如：从第 6 周开始，在每周第一天早上空腹时随机抽测群体 10% 的个体并求平均值，称重时要分公母。用抽样的平均体重与相应周龄的标准体重比较，作为下面一周调整饲喂量的依据，如超过标准体重的 2% 以上，则本周每 100 只鸭减少 0.5～1.0 千克饲料；如低于标准体重 2% 以下，则每 100 只鸭增加 0.5～1.0 千克，直到体重在标准体重范围内再按标准饲喂量饲喂。注意每次称重的体重代表上周的体重。

（3）**具体饲喂方法**　每天的饲喂量只能在早上一次性投给，加好料之后才能放鸭，这样可以保证所有的鸭同时采食。如果分次喂料，必然会导致抢食凶的鸭多采食，影响群体的整齐度。

（4）**限饲开始时和限饲期间应随时注意整群**　限饲前将体重轻的、体质弱的、有伤病的鸭挑出来，单独饲养，不进行限饲或降低限饲幅度，直到恢复标准体重后再混群饲养。

（5）**限饲要与光照控制相结合**　光照时间和强度对种鸭的生长发育也有很强的作用，只有将光照控制、体重控制和喂料量的控制相结合，才能有效控制种鸭的体重和性成熟时间。实施科学的光照制度，控制性成熟，使其性成熟与体成熟的发育保持一致，适时开产。

（6）**限饲应注意生产成本** 限饲不当会造成鸭死亡率增加，生产力下降，从而降低总体效益。

（7）**适时改变喂料及增加喂料量** 从25周龄起改为产蛋期饲料，并逐渐增加喂料量促使鸭群开产，可每日增加喂料量25克。

（8）**其他** 鸭有戏水并清洗残留食物和洁身的特性，因此要在运动场内设置0.5米深的洗浴池，供鸭定期洗浴，或者把水槽或饮水器装满水放在运动场上，以免弄湿鸭舍。

184. 什么叫整齐度？ 种鸭群怎样控制整齐度？

后备种鸭的整齐度主要是指体重和体形发育的一致性。整齐度是影响鸭群生产性能的重要指标。整齐度越高，达到产蛋高峰越早，高峰维持时间也越长，蛋的大小越整齐，种鸭的死淘率越低。要想使种鸭群在产蛋期发挥高产稳产性能，就不仅要求种鸭群的体重符合标准，而且体形和体重的整齐度也要很高（80%以上），体重的整齐度主要是指该鸭群达到标准体重±10%范围的鸭数占测量群体总鸭数的百分比。

测量时于每周第1天早上饲喂前，随机抽取公、母鸭各10%，计算平均体重，若实际体重与目标体重曲线接近，说明这周饲喂效果好，反之差异太大，则说明这个阶段饲喂效果不好，应及时调整喂料量，以确保鸭群体重尽可能接近目标曲线。例如，28日龄体重偏低，则用第28日龄的喂料量喂至第35日龄；28日龄体重偏高，则用第21日龄的喂料量喂至第35日龄；28日龄体重与目标体重一致，则用第25日龄的喂料量喂至第35日龄。第35日龄早晨喂料前，公母鸭再次抽测体重，并与目标体重比较，若达到目标则喂料量不变，低于目标则增加5～10克饲料，高于目标则继续观察一周后如仍高于目标就减少喂料量5～10克。如果母鸭体重符合目标，而公鸭体重过低则稍微增加饲料以保证公鸭体况。

体形的整齐度评价通常是以种鸭的胫长±5%范围内的个数占测量群体总数的百分比来表示。测定方法是从第四周起，随机抽样鸭群的 5%～10%，每周测量胫长，并做好记录，计算平均胫长及整齐度。

185. 转群是什么意思？ 怎样做好转群工作？

转群就是将种鸭从育成舍转移到产蛋鸭舍的过程。如果种鸭在原舍饲养则不需要转群；但如果育成鸭舍和产蛋鸭舍是分开的，在育成后期就需要转群。

转群时间一般安排在 19 周或 20 周，最晚不晚于 22 周，转群过晚，部分种鸭临近开产，转群会影响鸭群体重的增加，因而会影响这部分种鸭的正常开产或不能按时达到产蛋高峰。转群时间根据季节而定，夏季一般在早晚进行，冬季在中午进行。

转群时一般将人员分成抓鸭、运鸭和接鸭三组，并安排专人计数，以保证适宜的饲养密度。按鸭的大小、强弱分别入筐，运输人员不要进入鸭舍，运输过程要做到既快又稳，严防鸭在中途逃跑或受惊吓。抓鸭时可先将育雏舍或育成舍的灯关掉一部分，使光线变暗，鸭群安静后容易抓。抓鸭动作要轻、快、准、稳，不能强拉硬扯，不能粗暴地抓头、翅膀，可抓鸭的脖子。

转群前 6～7 小时停料，以免因种鸭采食过多造成更大的应激；转群当天最好不限饲，防止种鸭找不到方位；转群当天光照适当延长，使种鸭尽快适应新环境，尤其是采食或饮水系统发生变化时，更应注意；转群前后 3 天内在饲料或饮水中添加多维，以减少应激和防止鸭体能消耗过大；为避免鸭群受惊，饲喂时动作要轻、慢，并加强检查，以防发生意外；刚转群的几天内，种鸭舍内的环境条件应尽量和前阶段鸭舍保持一致，饲养人员最好也不换；待鸭群适应环境后再进行饲养管理措施的更改。

186. 后备肉种鸭限饲恢复期饲养要点有哪些？

经限制饲养的种鸭，应在开产前 60 天左右进入恢复饲养阶段，此时种鸭的体质较弱，应逐步提高日粮的营养水平，并增加喂料量和饲喂次数。如放牧地质量优良或遇上早稻收割，放牧在稻田里觅食遗漏谷粒和草籽；舍饲则喂给全价配合饲料。经 20 天左右的精心饲养，后备种鸭体重又会很快增加，可恢复到限制饲养前期的水平，经过加强饲养管理，可使后备种鸭整齐一致地进入产蛋期。

公鸭补料要比母鸭提前进行，以促其尽早恢复体质，便于在母鸭开产时有充沛的精力进行配种。

育成期如公母鸭分开饲养，则在母鸭开产前 20 天左右将公鸭放入母鸭群。混群前应对公母鸭进行免疫和驱虫等工作。还要注意恢复饲养开始时喂料量不能提高得过快，应注意有一个过程，一般经 4～5 周过渡到自由采食。刚开始自由采食的鸭群采食量可能较高，几天后会恢复到正常水平。

187. 肉种鸭开产前如何选种定群？

选择肉种鸭除了要注意从有种畜禽生产许可证、技术力量强、防疫条件好的正规厂家引进成绩好、适应性强的健康高产的肉鸭品种饲养外，在不同饲养阶段还应根据生长发育水平、外形特征进行多次选择，将优秀的个体留作种用。而在开产之前的选择是定群的阶段，此时种鸭基本发育成熟，选择时主要考虑外形特征和繁殖性能。

(1) 公鸭的挑选 选择时应首先选择体质强壮、体形标准、毛色纯正、性器官发育健全、健康的个体。公鸭的选留数量一般依鸭群大小和品种而定，一般公母比例控制在 1:（4～8），体形大的鸭公母比适当缩小，定群时可增选 5%～10% 的种公鸭以备用。至配种前 20 天左右时，公鸭方可混入母鸭群中饲养，公鸭放入母鸭群前，可通过人工方法翻出公鸭的阴茎，检查其发育是否健全，以确保母鸭群内有足够的有效公鸭数。混群后应让其多下水，少关养，以激发其性欲。为了提高种蛋的受精率，种公鸭应早于母鸭 1～2 个月孵出。

(2) 母鸭的挑选 根据外貌和行动来选择产蛋母鸭，高产母鸭羽毛紧密，头秀气、颈长、身长、眼大而突、腹部深广，但不拖地，臀部大而方，两脚间距宽。另外还要注意选种的时间。不同的季节、不同产蛋量、不同年龄的鸭，其外形和表现也有所不同。如羽毛，春季鸭群刚开始产蛋，这时高产鸭的羽毛新鲜，有光泽，紧凑；如有的鸭羽毛陈旧，暗淡，蓬松，则为低产鸭，要淘汰。秋季高产鸭羽毛易沾水，暗淡，零乱，残缺；而低产鸭此时却羽毛整洁。

188. 肉种鸭开产前饲养管理要点有哪些？

肉种鸭的产蛋前期一般是指 18～25 周，是鸭群由育成期向产蛋期的过渡阶段，必须为鸭群的开产做好准备工作。

（1）18 周龄 对鸭群进行最后一次称重，分别记录公母鸭的体重及均匀度。将喂料箱放入各栏圈内，改变喂料方式，将地面喂料改为每天 2 小时的喂料箱喂料。改变过程需要 3 天的过渡，必须在每天的喂料量有剩余时实施。

（2）18～22 周 每周增加喂料时间，至 21 周龄时增加至 7 小时。20 周龄时将生长期料逐渐过渡到产蛋期料，过渡时间为 1 周。18～20 周龄时清点鸭数，按 1：4.8 的比例将公母鸭均匀放入各栏圈。22 周龄以每 4 只母鸭一个产蛋箱的比例沿栏圈边放入产蛋箱，并在产蛋箱中铺 5～10 厘米厚的垫草。定期增加产蛋箱和地面的垫草，以维持干燥的环境。光照时间逐渐延长至 16 小时/天。

（3）22～25 周 维持光照时间、喂料时间不变，逐渐使日常工作和管理程序稳定，给鸭群创造一个稳定的环境。

189. 如何控制肉用种鸭的开产日龄？

正常肉用种鸭在 26 周龄开产并达到 5% 的产蛋率。肉种鸭开产日龄的控制主要是通过限饲和控制光照来实现的。在前期限饲的基础上，开始饲料由育成料改为产蛋期饲料，同时增加饲喂量。操作方法是从 22 周龄开始连续 4 周加料，每周增加 25 克产蛋期料，4 周后完全进入产蛋期饲料，并自由采食。

肉种鸭在育成期光照时间一般控制在 9～10 小时，从 21 周开始逐渐延长每天的光照时间。由 20 周龄时的光照时间与 26 周龄的 16 小时光照的差值计算出每周应增加的光照时间，每周增加的光照时间再平均分配到每个增加日（每周 1～2 次），分别在早晚增加，直到 26 周龄时停止增加光照。通过延长光照时间，可以刺激种鸭激素的分泌从而刺激排卵、产蛋。

190. 肉种鸭在产蛋期需要注意哪些环境条件？

肉种鸭产蛋期饲养管理是否合适关系到饲养种鸭的经济效益，除正常的饲养管理措施之外，还要控制好环境，为提高产蛋率及种蛋的质量提供保证。肉种鸭产蛋期环境控制主要包括以下几方面。

（1）适宜的温度 肉种鸭虽然耐寒，但冬季舍内温度不应低于 0℃，夏季不应高于 25℃。温度过高或过低都会使产蛋率降低，温度低时可采取防寒保暖措施，温度高则通过放水洗浴、淋浴、遮阴或增加通风量来降温。

（2）合适的光照 每天提供 16 小时的光照，光照强度为每平方米地面 2 瓦，灯高 2 米，并加灯罩盖，灯分布要均匀，光照时间固定，不可随意更改，否则会影响产蛋率。为应对突发事件，最好自备发电设备。

（3）加强通风换气 成年鸭新陈代谢量比较大，产生的废弃物也比较多，故舍内有害气体含量大。通风换气可保持舍内空气新鲜，使有害气体排出舍外。

（4）饲养密度要适宜 密度太大则影响鸭的活动、采食及饮水，密度太小则浪费房舍，一般产蛋期肉用种鸭每平方米 2～3 只为宜。

另外，产蛋鸭还要求环境安静，生活规律。鸭产蛋正常在深夜，此时夜深人静，无任何干扰。如果此时出现异常，则会引起骚乱，出现惊群现象。产蛋鸭舍要谢绝陌生人进出，防止各种鸟兽动物窜进窜出，建立稳定的生活规律。

191. 在肉种鸭产蛋期为什么要增加光照？ 怎样操作？

种鸭产蛋期间光照管理得好，能控制母鸭适时达到性成熟，延长产蛋高峰时间，提高母鸭产蛋量。如果光照控制不好，母鸭产蛋过早，产小蛋时间长，并且开产后容易出现脱肛现象，影响饲养种鸭的经济效益。

种鸭产蛋期应逐步增加光照时间，适当提高光照强度，以促使性器官的发育，进入产蛋高峰期后，要稳定光照时间和光照强度，使种鸭达到持续高产。开放式鸭舍一般使用自然光照加人工光照，而封闭式鸭舍则多采用人工光照。种鸭舍照度一般可控制在 5～10 勒克斯，即当灯泡离地面 2 米时，一个 8 瓦的节能灯泡可保证 18 平方米鸭舍的照明。光照时间从开产逐渐延长到每天 16 小时，可以采取早晚补充人工光照的方法，根据每天需要补充的光照时间，平均分配到早晚，早上在天亮前开灯，晚上天黑后再开灯延长。开关灯时要注意逐渐增加或降低灯泡的亮度，不能突然开灯或关灯，防止造成惊群。

192. 肉种鸭公母比多少比较好？

种鸭群中的公母比例合理与否，关系到种蛋的受精率。肉用种鸭公母比例受品种类型、季节、年龄、公母合群时间以及饲养管理条件等因素影响。生产实践表明，公母比例失调将降低受精率，公鸭太少，母鸭得不到受配，受精率降低；公鸭过多，由于争斗争配不仅造成受精率降低，而且公鸭争斗消耗体力也影响健康。一般情况下，肉种鸭公母比为 1：(4～8)，产蛋初期和产蛋后期公母比要适当小些，产蛋高峰期可适度扩大公母比。在生产中可根据受精率高低进行适当调整，及时淘汰配种能力不强或有伤残的公鸭，还要对种公鸭的精液进行品质检查，不合格的种公鸭要及时淘汰。既可保证种蛋的受精率达到 92％以上，又可以减少公鸭间的争斗和母鸭的受伤。另外，公鸭要多运动，保持健康的体况，才会有良好的繁殖能力。

193. 产蛋期如何划分？ 不同时期饲养管理有何要求？

肉用种鸭的产蛋期为 26 周龄至产蛋结束。产蛋期的饲养目的是提高产蛋量、种蛋受精率和孵化率。要做到这一点，就必须进行科学的饲养与管理。根据种鸭产蛋率的变化可以将整个产蛋期划分为三个阶段：产蛋前期、产蛋中期和产蛋后期。

(1) 产蛋前期 母鸭开产后，产蛋量逐日增加。日粮营养水平，特别是蛋白质要随产蛋率的递增而调整，并注意能量蛋白比，促使种鸭尽快达到产蛋高峰，达到高峰后要稳定饲料种类和营养水平，使产蛋高峰尽可能长些。同时逐渐延长光照时间至每天 16～17 小时。还要注意观察蛋重和产蛋率上升的趋势，发现问题及时解决。

(2) 产蛋中期 此期产蛋率已达高峰并维持了一段时间，种鸭消耗较大，对环境的变化敏感，如不精心饲养，难以保证产蛋高峰的持续，甚至会引起换羽停产。此阶段的营养水平，尤其是蛋白质和钙的含量要在前期的基础上适当提高。光照时间维持在 16～17 小时/天。注意观察蛋壳质量有无变化，产蛋时间是否集中，精神状态是否良好，洗浴后羽毛是否沾湿等，以便采取有效措施。

(3) 产蛋后期 种鸭群经过长期持续产蛋之后，产蛋率会不断下降。此阶段饲养管理的主要目标是尽量减缓鸭群产蛋率下降的速度。按体重和产蛋率的变化调整日粮营养水平和给料量。体重过大则适当控制采食量，若产蛋率仍维持在较高水平，则可适当增加蛋白质饲喂量。若产蛋率下降得比较多，则无需加料，应及早淘汰或进行强制换羽。

194. 产蛋期肉种鸭的饮水要求有哪些？

鸭属水禽，水是养鸭成败的关键因素之一，鸭的生活离不开水，水质、水源的好坏关系到鸭群的健康。劣质的水源会成为养鸭的大敌，会通过水传播很多疾病，劣质的水有的甚至含有大肠杆菌、葡萄球菌、巴氏杆菌和其他肠道病菌群，种鸭饮用这样的水后容易造成肠道疾病，给养鸭造成极大的经济损失，因此要把水质作为重点予以重视。

在水资源的运用上，尽量使用自来水或深井水，坚决不能用被污染的水，对于使用的水源也要定期进行检测，测定大肠杆菌指数和含菌量，按卫生规定，大肠杆菌每 1000 毫升水中含量不超过 100 个。另外，水中的矿物质含量也应符合饮用水标准。对于鸭群游水的池塘、河湾也要谨慎，不能到被工业废水污染或其他有害物质污染的地方去。对于大肠杆菌严重超标，富含"营养"的死水也要少去，自己修建的池塘要定期换水、清洁和消毒，为种鸭的生长、生活提供可靠的环境，确保产蛋不受影响，保证种蛋的质量。

室内饮水要使用自来水或深井水，饮水要定期更换，饮水器要每天清洗、消毒，确保饮水卫生。

195. 产蛋期肉种鸭对洗浴有何要求？

采用自然交配方式配种的肉种鸭主要在水中完成交配动作。一般情况下，早晨和黄昏是种鸭配种的旺盛期，公母搭配合理，嬉水促"性"，鸭"性"头越大，产蛋越多，种蛋的受精率和合格率越高。

饲养肉种鸭需具备良好的洗浴条件，可利用天然湖面、河流，也可用人工建的洗浴池。水面的大小和水质好坏，对种蛋受精率的高低有直接影响，在早晚配种旺盛期更应保证水的清洁卫生，以使鸭能下水促进交配。

196. 如何减少窝外蛋的产生？

所谓窝外蛋是指肉种鸭把蛋产在产蛋区外的地面或运动场上。窝外蛋比较脏，破损率高，孵化率低，且往往是疫病的传染源，降低了饲养肉种鸭的经济效益。在肉种鸭的饲养管理过程中要加强管理，尽量减少窝外蛋。开产前应尽早在鸭舍内设置产蛋窝，最迟不得晚于 24 周，随时保持产蛋窝内垫草新鲜、干燥、松软；初产时可在产蛋窝内放置一个"引蛋"，训练初产鸭在产蛋窝中产蛋，以养成在产蛋窝内产蛋的习惯；及时把地面、运动场上的蛋拣走；严格按照肉种鸭饲养管理作息程序规定的时间开、关灯。被污染的蛋不能作种蛋。

197. 种鸭产蛋量突然下降的原因主要有哪些？

肉种鸭的产蛋规律是开产后产蛋率急剧上升，逐渐达到高峰并维持一段时间后再缓慢下降。在正常的饲养条件下，产蛋下降的速度十分平缓。如果产蛋率突然下降，则要寻找原因。引起肉种鸭产蛋率突然下降的主要原因有以下几方面。

（1）**环境方面的原因** 环境因素比较复杂，对产蛋影响较大的原因是温度、通风和光照。

适宜的温度是充分发挥肉种鸭产蛋性能的重要条件之一。温度影响产蛋率、蛋重、蛋壳质量和饲料利用率，也影响种蛋的受精率和孵化率。产蛋适宜的温度是 $13\sim20℃$，当环境温度超过 $30℃$ 时，鸭因为没有汗腺散热，就会出现采食量减少，导致产蛋量下降；当环境温度过低时，鸭又会消耗更多的热量用来维持体温，降低了饲料的利用率。因此，要创造条件，满足肉种鸭的产蛋需要，采取防寒保暖、防暑降温措施，充分发挥肉种鸭的产蛋潜力。

肉种鸭在生产过程中会产生大量的有害气体，如二氧化碳、硫化氢和氨等，这些有害气体会影响肉种鸭的正常的生命活动，削弱鸭的抵抗力，导致呼吸道疾病的爆发，降低饲料利用率，从而降低肉种鸭的产蛋量。因此，在肉种鸭饲养过程中通风换气也很重要。

光照对产蛋期肉种鸭的主要作用是促进排卵，产蛋率的高低与光照时间的长短和强度有密切的关系。进入产蛋高峰期后，要稳定光照制度，控制好光照时间和光照强度。遇到停电、自动控制开关出问题，缩短了光照时间，灯泡上灰尘太多影响亮度等，都可能使产蛋率下降。日常生产中要注意检查这方面的问题，灯泡要加罩，经常擦拭，保持清洁，遇到停电时要采取必要的措施。

（2）**饲养管理方面的原因** 除品种等先天性因素外，饲养管理对肉种鸭的产蛋量有非常重要的影响。饲养管理不当，日粮中营养物质缺乏或不平衡，以及缺水、受刺激、饲养管理程序的突然改变等都有可能引起产蛋量的下降。饲料的营养成分是否全面和平衡，数量是否满足需要，这是保证高产稳产的必要条件。不同品种的肉种鸭要保证有充足的能量、蛋白质、钙磷等营养物质，蛋白质的利用率受年龄、健康状况、日粮组成等因素的影响，特别是要注意各种氨基酸是否平衡、必需氨基酸是否满足需要。在饲喂过程中，日粮的成分和营养水平要保持相对稳定，如果某一环节出现问题，都有可能引起采食量下降，使产蛋量降低。

肉种鸭在产蛋期间，应创造一个安静的环境，避免各种应激，如陌生人进入、异常的响声、其他小动物进入鸭舍、饲养人员穿花衣服、接种、驱虫、用药等，这些应激都会导致对鸭群的惊扰，使产蛋量下降。

（3）健康因素　健康的体况是高产稳产的保证，因此在肉种鸭饲养管理过程中，要严格免疫程序，规范操作流程，做好重要传染病的预防。进入产蛋期后，要搞好环境卫生和饲养管理，增强肉种鸭的抗病力，减少疾病的发生，才能保证高产稳产。

198. 如何饲养种公鸭?

种公鸭要求体质强壮，性器官发育健全，性欲旺盛，精子活力好，才能有高的受精率。在种公鸭饲养管理上要注意以下几方面。

（1）适时混群　一般在配种前 20～30 天将公鸭混入母鸭群。混群时要选择健康、体重达标、性欲旺盛、腿脚发育正常的公鸭。要特别注意避免混群不均匀情况的发生，因为公鸭习惯于原先的饲养环境，混群后，特别是没有大群饲养的种鸭，种公鸭会只聚集在场地的一角，导致混群不匀。混群后有些公鸭在交配过程中容易受到侵害，造成阴茎损伤，尤其是体重过大或过小的种公鸭和在陆地上交配的公鸭。樱桃谷肉种鸭到 26 周龄才能稳定，故要饲养一定数量的备用公鸭，数量一般为定群公鸭的 25%。

（2）**防止过肥**　公鸭过肥，体重过大，会导致爬跨困难，使母鸭受精率降低；公鸭过肥也会使精子的质量下降。在饲养管理过程中，要严格按照种公鸭的营养需要标准进行饲喂，切忌盲目提高日粮的能量和蛋白质水平；让公鸭多运动，保持健康的体况，才会有良好的繁殖能力。

（3）**预防种公鸭的腿脚病**　公鸭腿脚病会影响公鸭爬跨母鸭。在种公鸭饲养管理过程中应减少一切不良因素对公鸭的影响，勤换垫草并保证垫草的柔软性；清洁运动场，防止公鸭因外伤或葡萄球菌等感染而引起跛行或脚趾弯曲变形等。

（4）**及时淘汰不良种公鸭**　繁殖期种公鸭交配的母鸭一般有相对的稳定性，特别是一些老弱病残的种公鸭交配的母鸭，其他种公鸭轻易不与其交配，因此要及时淘汰有生理缺陷的、患病的、残疾的公鸭，以免造成受精率降低。另外，到产蛋后期，随着种公鸭的性欲降低，应及时采取相应措施替换部分公鸭，确保种蛋的受精率。

199. 如何安排产蛋期种鸭群的运动？

运动对鸭的健康、食欲、产蛋量都有很大的影响，特别是肉种鸭。肉种鸭只有得到了充足的运动，才能保持良好的食欲和消化能力，产蛋率、受精率自然就较高。

运动分舍内运动与舍外运动两种，舍外运动有水陆两种形式。冬天在日光照满运动场时放种鸭出舍，傍晚太阳落山前赶鸭入舍。为把粪便排在舍外，在收鸭前应进行驱赶运动数分钟。舍外运动场每天清扫一次。每天驱赶鸭群运动40～50分钟，分6～8次进行，驱赶运动切忌速度过快。舍内外地面要平坦，无尖刺物，以防伤到鸭子。舍内的垫草要每天添加，雨雪天气则不放鸭出舍。夏季天气炎热，每天早晨5～6时早饲后，让鸭子自由出舍到运动场或水池内运动洗浴，并让鸭自由回舍，这样不仅不会将蛋产在水中，反而会因为运动充足，在炎热的夏季也能保持良好的食欲和消化机能，使肉种鸭能基本保证在早晨 5 点以前产蛋，产蛋率也较高。准备产蛋的鸭一般不会随鸭群出去。中午可在水池边饲喂，天晴时可让肉种鸭露宿在有弱灯光的运动场上。

200. 不同季节种鸭的饲养管理有何不同？

肉种鸭不同产蛋阶段的饲养管理方法，是以肉种鸭本身的特点和需求为基础的，但在不能完全控制环境条件的情况下，产蛋鸭受到气温、相对湿度、光照等诸因素的制约，因此，应根据不同季节的特点，采取相应的饲养管理措施。

（1）**春季肉种鸭的饲养管理**　春天气候由冷转暖，日照时间逐日增加，天然饲料日渐丰富，气候条件及饲料条件等都对产蛋有利，管理上必须充分利用这一有利条件，尽量为肉种鸭创造稳产高产的环境。这一时期的饲养管理要点有：一是饲料供应要充足，日粮营养要丰富而全面，以适应肉种鸭的高产需要。舍内常备有足够的清洁饮水，饲喂时间与饲料品种要稳定，保证鸭群吃饱吃好，并适当添加钙磷和青饲料，放牧鸭可适当延长放牧时间。二是要加强初春的保温工作，在春夏相交之际，气候多变，会出现早热或连续阴雨，要注意鸭舍内的干燥和通风。每逢阴雨天，应缩短放牧时间。当气温回升以后，舍内垫料不要积得过厚，要定期清除并消毒。三是要适当增加舍外活动时间，让其多接触阳光，一方面可增强体质；另一方面促进其产蛋。舍外活动要根据天气的好坏决定，以免鸭子受凉感冒。四是增加拣蛋次数，防止鸭蛋破损或被粪便污染。

（2）**梅雨季节肉种鸭的饲养管理**　春末夏初，江南各地大都在 6 月份进入梅雨季节，常常阴雨连绵，温度高，相对湿度大，此时的管理重点是防霉和通风。这一时期的饲养管理要点有：一是要敞开鸭舍门窗（草舍可将前后的草帘卸下），充分通风换气，高温、高湿时尤其要防止氨气中毒。二是勤换垫草，保持舍内干燥。定期消毒鸭舍，舍内地面最好铺砻糠灰，既能吸潮气，又有一定的消毒作用。三是要严防饲料霉变，每次进料的数量不能太多，并要防止雨淋，饲料要保存在干燥的地方，霉变的饲料绝对不能用来饲喂肉种鸭。四是要疏通排水沟，检修围栏、鸭滩和运动场，运动场既要平整、无积水，又要保持干燥。五是要对鸭群做好防疫工作，并进行一次驱虫。

（3）**盛夏季节肉种鸭的饲养管理**　一般每年的 6～8 月是一年中最炎热的时期，此时肉种鸭的食欲减退，如果饲养管理不当，不但产蛋率下降，而且还易引起肉种鸭的死亡。精心饲养，则仍能达到 80％ 以上的产蛋率。这个时期的饲养管理要点有：一是要对鸭舍和运动场采取隔热降温措施。将鸭舍屋顶刷白，或种植藤蔓类植物，让藤蔓爬上屋顶，遮阳降温，运动场上另搭凉棚遮阳；鸭舍的门窗全部敞开，草舍前后的草帘全部卸下，有利于空气流通，有条件时可安装排风扇或吊扇，通风降温；还应适当疏散鸭群，降低饲养密度；早放鸭，迟关鸭，增加午休时间及下水次数；晚上鸭子可在舍外过夜，但需在运动场中央和四周点灯照明，防止兽害；每天早晚可用百毒杀或过氧乙酸带鸭喷雾消毒，既可起到降温作用，又可以防止传染病的发生。二是要调整饲料配方。适当降低能量水平，相应增加蛋白质、钙、磷、复合维生素的含量，在饲料中添加一些抗应激作用的添加剂，如碳酸氢钠、维生素 C 等。三是要提供充足的清凉饮水，水盆、料盆使用后应及时清洗。四是实行顿饲。应集中早晚凉爽的时间饲喂，以增进食欲，中午多喂些凉爽饲料，如块根、块茎或瓜类等，适当喂些葱蒜，刺激食欲，以增加采食量。五是要注意饲料的新鲜度。特别是用湿拌料喂鸭，应做到饲料现拌现喂，防止霉变，并增加水草等青绿多汁饲料喂量。六是要适当降低舍内饲养密度。七是应注意防止雷阵雨袭击，雷雨前要赶鸭入舍，否则鸭被雨淋后最易得病。

（4）**秋季肉种鸭的饲养管理**　秋季正是冷暖空气交替之季，气候变化较大，昼夜温差大，此时的重点是补充人工光照和尽量降低气候多变、冷暖交替对鸭群的影响。这一时期的管理要点有：一是要补充人工光照，稳定保持每天光照不少于 16 小时。二是要做好防寒保暖，保持舍内小气候的基本稳定，尤其是针对秋季气候多变这一特点，及时做好预防台风暴雨和气温骤变等工作，尽可能减少舍内小气候的变化幅度。三是要适当增加营养，补充动物性蛋白饲料。四是要对鸭群进行一次筛选，及早淘汰停产鸭或低产鸭。秋季还应对鸭群进行一次驱虫。

(5) 冬季肉种鸭的饲养管理　11 月底至翌年 2 月上旬是一年中最为寒冷的季节，也是日照时数最短的时期，肉种鸭产蛋的条件最差，饲养管理不当会造成鸭群的产蛋率迅速下降。但如果是当年春孵的新母鸭，只要饲养管理得法，也可以保持 80% 以上的产蛋率。这个时期的管理要点有：一是要增设防寒保温设施，深夜棚内温度应保持在 5℃ 以上。因此，棚舍要围严、围实，棚外四周可先用稻草或麦秸编成草苫围实，外面再围上一层薄膜，棚顶的盖草也应当加厚，在鸭舍内墙四周产蛋区内垫 30 厘米厚的草。早晨收蛋后，将窝内的旧草撒铺在鸭舍内，每天晚上鸭群入舍前，要添些新草作产蛋窝，这样垫草逐渐积累，数日出一次，既保温又可节省人力。二是要及时调整日粮，适当提高饲料中代谢能的含量，并适当增加饲喂量，提供充足的饮水。有条件的应供给青绿饲料或定时补充维生素 A、维生素 D、维生素 E。有的养鸭户每天中午供给一次切碎的白菜叶、胡萝卜缨等，效果都很好。冬季室温为 5～10℃时，饲料喂量应比春、秋季增加 10%～15%。三是要适当增加饲养密度，并增加鸭的运动量。四是要人工补充光照，冬季由于自然光照缩短，鸭的脑下垂体和内分泌腺体活动减少，影响产蛋，因此必须人工补充光照。每天光照至少应保持在 16 小时，可在鸭棚内每 30 平方米安一盏 60 瓦灯泡，灯泡离鸭背 2 米高，并装上灯罩，使光线能集中照射在鸭体上，早晚要定时开灯。试验证明，补光比不补光的可提高产蛋率 20%～25%。五是对放牧鸭，早上应迟放鸭，傍晚早收牧，平时少下水，只在上下午气温较高时让鸭群各洗浴 1 次，每次不超过 10 分钟。六是要减少应激，产蛋期的肉种鸭代谢旺盛，对污染空气特别敏感，饲养员进入鸭舍时应无刺激的感觉。平时注意通风换气，每当戏水时，鸭群一出舍应打开所有窗通风换气。还要搞好舍内外清洁卫生，防止老鼠、黄鼠狼和犬等兽害的侵袭。

201. 为什么要注意检查公鸭的配种能力？ 如何检查？

种公鸭当中经常有相当比例的个体生殖器官发育不良，或患有各种疾病，以及受伤等情况造成授精能力下降。因为鸭群多在水面配种，公鸭的阴茎伸出后长达 10 厘米以上，交配前后易与水接触而受到污染，特别是水质不洁时更易感染发炎，或者被水中虫类或鱼类咬伤、化脓，这种公鸭本身既无繁殖能力，又干扰其他公鸭的配种。所以对于种公鸭要检查其配种能力。

平时注意观察公鸭的精神状态、采食饮水情况，一般配种能力强的公鸭，精神饱满、食欲好、采食量大、饮水也正常。生产中对于自然交配的肉种鸭可以通过观察配种情况检查公鸭的配种能力。在早晚配种旺盛期注意观察水面上肉种鸭的配种情况，对于精神不振、很少参与配种的公鸭可以单独挑出来，逐一检查，不合格的则淘汰。对于采用人工授精的肉种鸭，则可以通过采精操作及定期检查公鸭的精液品质来判断其配种能力。采精后观察精液的颜色、云雾状、嗅其气味，在显微镜下观察精子的活力及畸形率等。精液质量不符合要求的则淘汰。

202. 如何提高种蛋的外观质量？

刚开产的青年鸭一般在午夜零时左右产蛋，随产蛋期的延长，产蛋时间也逐渐向后推移。饲养管理正常，母鸭应在上午 7 时产蛋结束，到产蛋后期，则可能会集中在 6～8 时。舍饲的鸭产蛋结束后如果不及时放出去洗浴，则产蛋结束时间会延长至 8 点多。每天先产的蛋较小，最后产的蛋最大，产蛋最集中的时间产蛋数多，蛋重中等，大小比较整齐，受精率、孵化率也比较高。

设置专用产蛋区。要保证蛋壳清洁，就必须设置产蛋箱或产蛋区，内铺设软草，并定期更换，非产蛋期尽量减少鸭在产蛋箱或产蛋区内的时间，以防排粪污染种蛋和垫草以及踩踏种蛋。对初产鸭要训练在产蛋箱中产蛋以减少窝外蛋。

勤拣蛋也可以提高种蛋的外观质量。勤拣蛋一是减少了种蛋在鸭舍内的时间，减少了被污染的概率，也减少了被其他鸭踩踏的机会，避免了破损。蛋拣得越早则越干净，收集种蛋期间一般每隔1小时就要拣蛋一次。夏季气温高会影响种蛋孵化品质，冬季气温低种蛋会受冻，勤拣蛋也可以避免种蛋受热或受冻。

种蛋收集好后及时挑选、消毒、登记入库。挑选时要剔除过大、过小的蛋，以及过脏、破损蛋。消毒采取熏蒸法比较好。不合格的种蛋要及时处理。

203. 提高肉种鸭繁殖力的措施有哪些？

肉种鸭的繁殖力主要包括种蛋合格率、种蛋受精率、孵化率和健雏率等指标。

（1）种蛋合格率　种蛋合格率是指在规定的产蛋期内母鸭所产符合品种、品系要求的种蛋数占总产蛋数的百分比。饲养肉种鸭时要选择适应性强、高产和适应本地饲养条件的鸭种饲养，掌握不同品种的产蛋规律，充分发挥肉种鸭的品种优势。改善肉种鸭的饲养条件，实践证明，半舍饲和舍饲的鸭群产蛋率要高于放牧的鸭群，这与饲料、饲养方式、稳定的小气候和定向培育等是分不开的。根据产蛋率和肉种鸭体形大小及时调整饲料营养水平，产蛋率上升前要早增加营养，体重不超标的情况下也要适当增加营养水平。产蛋环境也要保证，鸭舍内要设置产蛋窝，铺垫柔软的垫草，产蛋窝保持干燥，以减少种蛋的破损和窝外蛋的产生。收集种蛋期间要增加拣蛋次数，减少种蛋被污染的机会。

（2）种蛋受精率　种蛋受精率是指受精蛋占入孵蛋的百分比。种蛋的受精率与肉种鸭的品种、健康、年龄、产蛋季节、公母比、饲养管理水平和疾病等因素有关。肉种鸭群中应以新鸭为主，老鸭比例要适当降低。肉种鸭群中的公、母比例合理与否，关系到种蛋的受精率，自然交配公母比例一般为 1：（4～8），公鸭过少则影响受精率，可从备用公鸭中补充；公鸭过多也会引起争配而使配种率降低，因此公、母的配比应根据肉种鸭的年龄、季节、水源条件等来调节。及时淘汰产蛋率低的母鸭及配种能力不强或有伤残的公鸭，对种公鸭的精液进行品质检查，不合格的种公鸭要及时淘汰。公鸭要多运动，保持适宜的体重和健康体况，才会有良好的繁殖能力。对种鸭群要加强饲养管理，提供合理的营养需要。重视疾病的预防，避免影响繁殖。

（3）孵化率　孵化率的高低直接影响到肉种鸭繁殖力的高低。导致孵化率低、弱雏多的主要原因是肉种鸭的健康水平、种蛋质量、孵化条件等因素。肉种鸭管理不善，营养不良，健康状况差，产蛋日龄过大或过小；种蛋保存时间过长，保存方法不当；孵化温度过高或过低，湿度过大或过小等都能引起孵化率低、弱雏多。科学地饲养肉种鸭，使肉种鸭健康高产，确保种蛋品质优良。提供全价的配合饲料，满足肉种鸭正常生长发育和产蛋的营养需要，维持良好的种用体况。根据蛋重、蛋形指数、蛋壳质量及蛋的清洁度严格挑选种蛋。种蛋保存时间不宜过长，最好在产出后 3～4 天内孵化；种蛋保存的环境要清洁卫生，控制好保存环境条件，确保入孵前种蛋的质量。根据气候条件、孵化器类型、种蛋遗传品质、入孵蛋的数量等因素，正确掌握好孵化的条件。根据胚胎发育的特点，抓住孵化过程中的两个关键时期，即孵化前期（1～7 天）注意保温，孵化后期（24～28 天）重视通风。另外，孵化室设计要合理，种蛋质检、贮存、消毒、孵化、出雏、存雏、发雏实行隔离操作，按一个顺序流向，以减少环节交叉带来疾病重复感染的机会。保持孵化室的清洁卫生，定期对孵化室及孵化机进行消毒。

204. 怎样进行肉种鸭的人工强制换羽？

鸭在每年春末或秋末会自然换羽，如果营养不良、管理不善或气候剧变，也能促使其提前换羽。鸭自然换羽时，若任其自然脱落后再行恢复，时间可持续 3～4 个月左右，对产蛋量有很大的影响，不但产蛋不整齐，且在管理上增加不便。为了缩短休产时间，提高种蛋数量和蛋的品质，当母鸭群产蛋率降到 20％～30％、蛋重减轻、部分鸭的主翼羽开始脱落时，即可施行人工强制换羽。人工强制换羽是人为地突然改变母鸭的生活条件和习惯，使毛根老化而易于脱落。人工强制换羽一般只需要 2 个月左右的时间，换羽后的鸭子产蛋多、品质好，能达到较高的产蛋高峰。

（1）**准备**　把产蛋率下降到 30％的母鸭群关入鸭舍内，3～4 天内只供给水，不放牧，不喂料；或者在前 7 天逐步减少饲料喂量，即第一天饲料开始降低，喂料两次，给料 80％，逐渐降至第七天给料 30％，至第八天停料只供给饮水，关养在舍内。这两种方法都可使用，后一种较安全。在限饲期间，应将灯关掉，减少光照对内分泌的刺激。鸭群由于生活条件和生活规律急剧改变，营养缺乏，体质下降，体脂迅速消耗，体重急剧下降，产蛋完全停止。此时，母鸭前胸和背部的羽毛相继脱落，主翼羽、副翼羽和主尾羽的羽根透明干涸而中空，羽轴与毛囊脱离，拔毛容易脱落而且无出血，这时可进行人工拔羽。

（2）**拔羽**　拔羽最好在晴天早上进行。具体操作方法是：用左手抓住鸭的双翅，右手由内向外侧沿着羽毛的生长方向，用力轻轻拔出来。先拔主翼羽，后拔副翼羽，最后拔主尾羽。公母鸭要同时拔羽，在恢复产蛋前，公母鸭要分开饲养。拔羽的当天不放水、不放牧，防止毛孔感染，但可以让其在运动场上活动，并供给饮水，给料 30％。第二天开始放牧、放水，加强活动。

（3）**恢复**　鸭群经过关蛋、拔羽，体质变弱，体重减轻，消化机能降低，必须加强饲养管理，但在恢复饲料供给时不能操之过急，喂料量应由少到多，质量由粗到精，经过 7～8 天才逐步恢复到正常饲养水平，即由给料 30％逐步恢复到全量喂给，以免因暴食导致消化不良。拔毛后 25～30 天新羽毛可以长齐，再经 2 周后便恢复产蛋，拔毛后 20 天左右开始加喂动物性饲料。

205. 人工强制换羽期间应注意哪些问题？

强制换羽期间，由于停料和限制饲喂，与自然换羽后再养 1 年相比，可节省饲料 5%～6%，同时节省培育新鸭的费用，节约了开支，尤其对高产母鸭可再利用 1 年。实行人工强制换羽可提高蛋重、改善蛋壳质量，强制换羽后因蛋壳质量提高，减少了蛋的破损，同时蛋重也略有增加。强制换羽要注意以下几个问题。

（1）人工强制换羽前，先要对鸭群进行整群，及早淘汰病、弱、瘦小的个体，以免在人工强制换羽的过程中造成过多的死亡和不必要的经济损失。

（2）人工强制换羽期间，除最初 8～10 天部分或全部限制鸭群饮水和给料外，以后就应恢复正常的饲料和饮水供给，尤其是富含蛋氨酸、胱氨酸等含硫氨基酸的动物性蛋白饲料，可增加鱼粉、羽毛粉等的供给。

（3）人工强制换羽期间至恢复产蛋前，公、母鸭要分群饲养，以免公鸭骚扰母鸭，影响母鸭的正常换毛和采食，同时也可保持公鸭精力，以利于母鸭恢复产蛋后的自然配种。

（4）人工强制换羽期间由于鸭体质下降，抵抗力降低，容易发生疾病，因此应该特别注意做好饲养管理和疾病预防工作。

（5）因地制宜实施强制换羽。在种蛋或雏鸭的销路发生困难时，种蛋生产过量的季节，对于产蛋率仍不低的肉种鸭群也可采取强制换羽的办法令其停产，以适应市场供求的变化。

206. 肉鸭饲养过程中怎样防止饲料浪费？

在肉鸭生产中饲料成本要占总成本的 70% 左右，所以控制成本主要是控制饲料成本。在生产中减少饲料浪费是控制成本的一项重要措施，主要从以下几方面着手。

（1）选择优良品种 品种优良的肉鸭生产性能的遗传率较高，生长速度快，抗病力强，饲料利用率高。饲养同样日龄的肉鸭，消耗同样多的饲料，优良品种的肉鸭增重比其他品种肉鸭大得多。

（2）控制好环境 适宜的环境条件对肉鸭的生长发育有积极的作用，其中，温度的作用尤其突出。肉鸭生长发育适宜温度为12～24℃，在此温度范围内饲料利用率最高。因此要尽量创造条件满足肉鸭对环境温度的需要，如冬季搭棚圈养、夏季搭遮阴棚等，以保温或降温来提高饲料利用率，减少饲料的浪费。

（3）平衡日粮营养水平 肉鸭饲料中的蛋白质和能量比例要平衡，其他各项营养成分比例也要相当。若某种营养成分过高，则总的饲料消耗增加，造成饲料中某些营养成分的浪费，也就是浪费了饲料。

（4）饲料保存要避光、防潮、防虫害鼠害 配制饲料的各种原料要保证新鲜，饲料配制好后要保存在干燥、通风、避光的地方，地面要有防潮材料铺垫。配合饲料配制后要尽快用完，勤配勤喂，防止发霉、板结。饲喂霉变饲料会引起肉鸭中毒、拉稀等，饲料霉变后造成浪费。饲料保存过程中还要注意防止虫害、鼠害。

（5）及时出栏和淘汰低产或停产的种鸭 肉仔鸭一般在50天左右出栏比较合适，因为此时肉鸭的增重、饲料报酬均已达高峰，以后相对增重下降，饲料报酬降低。肉种鸭产蛋期如果产蛋率过低或者不产蛋，要及时淘汰，以免造成饲料浪费。生产中应定期对肉种鸭群进行选择、淘汰。

（6）合理使用添加剂 矿物质、维生素、氨基酸等营养性添加剂使用是必需的，其他的非营养性添加剂对提高肉鸭生长速度及饲料利用率也是有帮助的，如杆菌肽锌等。合理使用添加剂提高了饲料的利用率，从另一个层面讲就是减少了饲料的浪费。

（四）肉鸭填饲与肥肝生产

207. 什么叫"填鸭"？ 填饲前应做好哪些准备工作？

填鸭即是将饲料强制性填入鸭的食道膨大部，促使鸭快速育肥，提高鸭肉质量的过程。

填饲前应做好以下准备工作：

（1）**人员的准备**　填饲人员要经过培训或是选用有经验的填饲员，填饲人员需掌握填鸭日粮的配制和填饲时间以及确定填饲量等。

（2）**饲料和填饲机的准备**　填饲的饲料与平时饲喂的饲料以及饲喂的方法有所不同，因此要根据不同的填饲方法和要求，准备好填饲的饲料和加工设备，在填饲前要对填饲机器进行检修、调试，发现问题及时解决。

（3）**仔鸭准备**　开填前先将肉鸭按体重和体质分群，先填健康、发育正常、骨架较大的鸭，后填其他鸭。剔出病、残、弱鸭。

208. 填饲料有何要求？　怎样进行加工调制？

肉鸭填饲料主要用含淀粉较多的碳水化合物饲料，以玉米颗粒饲料填饲效果最好，玉米含大量碳水化合物，可被合成脂肪，并且玉米中胆碱含量低于其他谷物，有利于脂肪沉积，形成肌间脂肪，提高鸭肉品质。填肥用的玉米可用水煮、浸泡、炒熟或玉米糊等加工调制方法。但实际填肥效果以前三种为最好。浸泡法则更为简单，且可节约能源，更具推广价值。

填饲料调制方法为：将填料水煮（沸水中煮 3～5 分钟）或浸泡（清水浸泡 24 小时），沥干后，加入 0.5%～1% 的食盐，并加入猪油、植物油约 2%，复合维生素 100 克。食盐不仅可以提高适口性，而且可提高增重效果；加入猪油、植物油的目的是提高填料的能量和增加润滑度。为减少应激，填饲前一周的日粮维生素 A 和维生素 C 的剂量应比正常标准提高 1～2 倍，在填饲期每只鸭添加维生素 B_1 2 毫克，对促进增重有良好的效果。

209. 如何确定合适的填饲期？

要想取得好的填饲效果，应掌握好合适的填饲期，填饲过早，由于此时的肉鸭比较娇嫩，骨骼、肌肉都没有发育好，容易造成肉仔鸭的瘫痪或死亡。填饲过晚，仔鸭羽毛已经丰满，体躯发育结实，虽不会导致瘫痪，但增重速度慢，饲料转化率低。填饲时间一般选择在肉仔鸭饲养 40～42 天，体重达 1.7 千克左右时，具体时间也要根据实际情况而定，适当推迟或提前都可以。经过挑选用于填饲的肉鸭需要经过 7 天左右的预饲期，这时可大量饲喂青绿饲料，并逐步补充精料，以适应高营养的精料，促使肝细胞建立贮备机能。

填饲时间要根据实际情况确定，一般春秋季填 12～15 天，夏冬季填 15～20 天。还要考虑市场需求，市场需要较大的肉鸭，则多填几天；市场需要较小的肉鸭则少填几天。

210. 怎样确定适宜的填饲次数和填饲量？

无论采取哪种填饲方式，填饲量都要按个体大小、季节、气候等条件由少到多，逐渐增加。每次填饲前，用手仔细触摸食道膨大部，看有无积食现象，若发现食道膨大部有积食，说明填饲量过多，要适当减少，如果连续 3 天积食就应屠宰。每天填饲量也要按个体大小、消化能力、耐填能力等而确定。一般每天填饲次数为 3～4 次，每次间隔 6～8 小时。

根据鸭的膘情确定填饲量，保证达到较好的填饲效果。可根据每群鸭的情况确定统一的填饲量，可以在填饲机上固定每次的量。这样就是新手也可以操作，不足之处是不能照顾到个体间的差异，不能充分发挥每只鸭的育肥潜力。为了克服不利因素也可以采用摸膘填饲的方法，不确定填饲量，根据每只鸭的体重和膘情决定填饲量。这种方法技术要求比较高，填饲时也要全神贯注。具体填饲量是刚开始填饲时少填，让鸭有一个适应过程，以后逐渐增加填饲量，达到每次每只平均填饲量逐渐增加到 150 克。

211. 如何进行肉鸭的填饲育肥？

填饲前若是放牧饲养的肉鸭应转入围栏饲养，使其逐渐习惯于新的安静环境，有利于脂肪沉积。根据肉鸭的膘情和生长发育情况进行预饲，膘情达到填饲要求时将肉鸭按大小、体质进行分群饲养，每圈 80～100 只。

小规模填饲时，可将填饲料制成浓稠的糊状，再搓成 1.5～2 厘米粗、4～6 厘米长、两端钝圆的"剂子"。填饲员坐在凳子上，将肉鸭固定在双腿之间，左手拇指和食指撑开鸭的喙，中指压住鸭舌，右手将准备好的"剂子"蘸一点水后塞进鸭的嘴里，顶入食道即可，一只鸭一次可以填入几个"剂子"，根据育肥情况确定。一只鸭填好后，轻轻放到一边，再换另一只鸭重复操作。经过训练后，每人每小时可以填 50～80 只鸭。

规模化养殖一般采用机器进行填饲，机器效率高，可以在短时间内填饲大量的肉鸭，实现批量生产。填饲时，左手抓住鸭的头，轻轻地将肉鸭的嘴套进填饲机的乳胶管，使胶管插进食道膨大部入口，用右手扳动压食杆（手压填饲机）或用脚踏住开关（电动填饲机），填饲完毕，将鸭嘴退出胶管，轻轻放走，换另一只鸭重复操作。熟练的填饲员速度很快，每小时可以填 400～500 只肉鸭。填饲时要开嘴快、鸭舌稳、插管准、进食慢。

212. 怎样管理填饲肉鸭？

在强制填肥期间，填鸭身体处于特殊状态，如果管理不当，增加鸭的伤残，会造成不应有的损失。鸭舍可采用垫草平养的方法饲养。填鸭比较耐寒，但怕热，鸭舍的温度只要不低于 3℃ 即可，以减少能量消耗，且有利于增重。鸭舍要干燥，通风良好，注意防暑。要满足鸭对饮水的需要，最好能够提供自由饮水。在填肥期间，由于排泄物大量增加，易导致舍内湿度增大。如果舍内湿度过大，羽毛易脏，会出现胸部羽毛脱落、增重慢。因此，要及时清扫鸭舍和勤换垫草。鸭圈舍地面要平整，如圈舍不平，会造成胸腹部的机械损伤，影响填饲效果。在 7～8 月份气温较高时，鸭的食欲较差，饲料容易腐烂，此时尽量不进行填饲。在填饲过程中，如果发现病鸭、体质差或脚瘫者，应及时淘汰。填饲后期，鸭体质很弱，容易受伤，在运输和装卸时都要轻轻操作，不能扔、摔，更不能急赶、乱抓。填饲期间，随着鸭体逐渐肥胖，肝脏迅速肥大，很容易出现消化不良，因此每只鸭每天应加喂 1～2 片酵母以助消化。

213. 肉鸭填饲时有哪些注意事项？

肉鸭在填饲育肥期间，要消化填入的饲料，迅速长肉，沉积脂肪，生理机能处于十分特殊的状态。因此，加强管理显得极为重要，应特别注意以下问题。

（1）填喂要定时，一昼夜填喂 3 次，每 8 小时填 1 次。每次填喂前后检查消化情况，一般填饲后 7 个小时左右饲料基本消化，如触摸仍有滞食，表明消化不良，应暂停填喂或少喂，并在饮水中加入 0.3% 的小苏打。

（2）填喂后要及时供给充足的清洁饮水，进行适当放水和运动，以帮助鸭子消化，增强体质，防止出现残鸭。

（3）要保持清洁卫生，做到环境安静，光线暗淡，不得粗暴驱赶和高声吵嚷，因为鸭填饲了大量高能量饲料，机体散热量明显增加。填饲到第 3 周，呼吸加快，这时舍内有害气体会比一般条件饲养的肉鸭舍高 1 倍，所以最好装有排风扇。

（4）鸭舍要通风良好，空气新鲜，温度适宜，凉爽舒适，以促进脂肪沉积。暖和季节，可在空气流动的简易棚舍内填饲。

（5）在强制填肥前一周注射禽霍乱疫苗，并驱除体内寄生虫。

214. 什么是鸭肥肝？ 其营养价值如何？

肥肝是采用人工强制填饲，使鸭的肝脏在短期内贮积大量脂肪等营养物质，体积迅速增大，形成比普通肝脏重 5～6 倍，甚至十几倍的肥肝。

鸭肥肝质地细腻，呈淡黄色或粉红色，味鲜而别具香味。西方一些国家视肥肝为最受欢迎的美味佳肴之一，成为家禽产品中的高档食品。肥肝在体积、重量和质量等方面都与普通肝脏有很大的差别，主要表现在普通肝脏含水分和蛋白质较高，脂肪较低，而肥肝则水分和蛋白质相对减少，脂肪含量高，其中 65%～68% 的脂肪酸为对人体有益的不饱和脂肪酸。因此，肥肝仍不失为高热量的营养食品。

215. 怎样选择适合生产肥肝的肉鸭品种？

鸭肥肝的生产性能存在着品种间差异，遗传力高的杂交鸭肥肝性能明显优于纯种鸭。生产实践证明，最好的肥肝用鸭品种是番鸭及骡鸭，其次是北京鸭、建昌鸭及其杂交鸭。从国外的实验结果看，肥肝生产与品种的关系密切，用杂交鸭生产肥肝不仅重量增加、质量改善，而且由于杂交后代的生活力强，因而耐填力增强，死亡率降低。

216. 影响鸭肥肝生产的因素有哪些？

（1）品种的选择和杂交；

（2）填肥日龄及体重；

（3）填肥饲料和调制方法。

217. 鸭肥肝生产的关键技术是怎样的？

（1）填饲前先根据鸭的膘情和生长发育情况进行预饲；

（2）确定填饲的天数为 21 天或是 28 天；

（3）根据填饲的天数确定每天填饲量与填饲次数；

（4）填饲操作：保定好鸭子同时使鸭子的头向上，脖子拉直，将填饲管缓慢地插入食道，然后进行填饲，等到固定填饲量完全进入食管膨大部后，再把鸭子退下放走。

218. 怎样进行肉鸭的屠宰取肝？

屠宰前的鸭要停食 12～18 小时，但要有充分的饮水。填鸭的宰杀一般采用人工割断气管及颈动脉的方式，宰杀后将鸭倒挂排血约 10 分钟，将放血后的填鸭放到水温 65～70℃ 的烫水中，保持 3～5 分钟，这时要尽量将翅膀上的大羽毛烫匀，并由戴上手套的工人将大毛拔去，然后取出人工拔羽或用脱毛机脱毛，用脱毛机脱毛时要注意不要太用力，以防造成肝的损伤。脱完毛后再移入冷水池中人工使用专门拔毛用的小刀剪将鸭体上的细毛拔净，拔完的屠体再移至温度为 $4 \sim 10$℃的冷藏室冷却 $10 \sim 12$ 小时。在这样的温度条件下，即可使屠体、脂肪和肥肝变硬，既利于取肝、不易损伤，也不会使肥肝冻结。低温也不会使肥肝鸭体内的脂肪熔化（脂肪的熔点为 $32 \sim 38$℃）。

取肝操作的第一步是屠宰开膛。将经过冷凝的肥肝鸭屠体放在操作台上，使胸腹部朝上，尾部对着操作者。操作者左手压住屠体，右手持刀，采用剖腹取肝法，用刀沿龙骨后缘横向从左向右割开皮脂，用左手伸入腹腔，挑起腹膜，刀刃向上，自左向上割开腹腔，注意动作要小心，不能割破肝脏。然后扩大两侧刀口至双翅基部，将屠体移至桌边，背腰部紧贴在桌边棱角上，左手按住双腿和腹部，右手按住胸部，两手同时用力下压，屠体立刻掰开，裸露出内脏，用右手小心地将肝、心、肌胃等脏器与腹腔和胸腔壁剥离。右手从背侧伸入内脏器官下面，手掌向上进行剥离，食指与中指紧夹住食道，小心地取出内脏器官，再把肝和胆囊一起与内脏器官分开，用右手向上抬起硬肝，使胆囊向下，用吸水纸从下而上小心捏住胆囊，从肝上分离，使用吸水纸的目的是万一胆囊破裂胆汁可以流在吸水纸上，而不易污染肥肝。取出洁净的肝脏放在干净的盘里，盘底铺有油纸，称重，然后分级保存。

219. 肉鸭肥肝的产品质量要求有哪些？ 怎样进行鸭肥肝的分级与保存？

鸭肥肝质量从新鲜度、完整性、颜色等方面进行评价。要求肝叶均匀，轮廓分明，表面光滑，富有弹性，肝重量较大，颜色基本一致；对破裂的肥肝、被胆汁污染和病变的肥肝应予剔除。肥肝的好坏主要依靠人眼、嗅觉和手感来进行挑选。

鸭肥肝的分级主要根据肝的重量和感官品质来评定。

特级：肥肝重 $600 \sim 900$ 克，结构良好，肥大，较结实，无内外斑痕，呈浅黄色或粉红色。

一级：肥肝重 350～600 克，结构良好，肝叶完整，软硬适中，无内外斑痕，无血斑和胆汁印迹，大而结实。

二级：肥肝重 250～350 克，允许略有斑痕，要求淤血直径在 5 毫米以内，肝裂纹不超过 2 厘米，结构一致，肥大而质软，无病肝。

三级：肥肝重 150～250 克，允许有斑痕，颜色较深，带有血斑。

等级外：肥肝重低于 150 克。

肥肝取出后，用刀修除附在上面的神经、结缔组织和胆囊下的绿色渗出物，再切除肥肝中的淤血、出血或破损部分，即可鲜售。保存肥肝可采用速冻后冷藏的方法，来延长贮藏期。将刚摘下的肥肝逐个装入塑料袋，放入 −28℃ 的速冻库中速冻 24 小时，然后取出加以整形，最后分等级装入箱中。存放在 2～4℃ 条件下，可保存 72 小时。

220. 鸭肥肝在国际和国内市场的销售现状如何？

2015 年是鸭肥肝行业发展过程中非常关键的一年，首先，从外部宏观环境来讲，影响行业发展的新政策、新法规都将陆续出台。转变经济增长方式，严格的节能减排对鸭肥肝行业的发展都产生了深刻的影响。其次是来自通货膨胀、人力资源成本上升等因素的影响。最后是产业链各环节竞争、技术工艺升级、出口市场逐步萎缩、产品销售市场日益复杂。但从长远来看，随着人们生活水平的逐渐提高，这种食品在市场的占有率也会不断增加。

六、鸭场环境控制与卫生防疫

（一）鸭场环境控制

221. 养鸭过程中进行环境控制的重要性有哪些?

我国是养鸭大国，近年已出现了很多规模化、集约化饲养场，但由于粪便和污水处理不当，会给环境造成一定的污染，这严重阻碍了养鸭生产的正常发展。控制污染已成为当前养鸭工作者必须面对和解决的重要问题之一。鸭是水禽，最适宜在水源清洁、场地宽敞、气候温和、空气清新和安静卫生的环境中生长繁殖。新建的养鸭场从事养鸭容易成功，而多年生产的老场会逐渐出现疫病多、费用高、效益逐渐降低的现象。究其原因，还是因为鸭的新陈代谢、粪尿和垫料污染，生产过程中产生的粉尘、废气、病原微生物和蚊蝇的大量繁殖使环境恶化。鸭群长期生活在污染环境中，必然会产生疾病，降低生产率。

清洁的环境能较好地避免鸭群疫病的发生或传播，鸭只健康成长，防治药物减少，生产成本降低，产品质量也会得到提高。因此，养鸭场应该及早采取措施防止环境污染，大力推广和应用先进的绿色环保技术，促进优质环境的良性循环，利用现代科学技术，实行无污染生产。这不仅可以满足人们生活对绿色环境和绿色畜禽产品的需要，也是实现养鸭场自身生存和可持续发展的必由之路。

222. 养殖过程中如何实施鸭场的环境控制?

养鸭场的环境控制是为鸭群的生长发育和繁殖创造适宜的环境

条件，是现代科学养鸭的主要内容。养鸭环境控制主要包括舍内环境和舍外环境两部分。舍内环境控制主要包括通风、光照、饲料、饮水、温度、湿度和密度等。舍外环境控制主要包括场内区间和舍间距离、朝向、风向、场地坡度、水源、地面和材料清洁度等。养鸭场应根据生态规律，利用现代科学技术，采用综合的控制方法进行污染治理，这是最经济有效的方法。

223. 鸭舍常用的消毒剂有哪些？ 各有何特点？

（1）含氯（溴）消毒剂 含氯（溴）消毒剂（图7-1）是使用最广的消毒剂，常用药品有漂白粉、次氯酸钙（漂粉精）、次氯酸钠、二氯异氰尿酸钠（优氯净）、三氯异氰尿酸、氯化磷酸三钠、二氯海因、二溴海因、溴氯海因等，剂型有粉剂、片剂、液体等多种。含氯（溴）消毒剂属于高效消毒剂，对细菌繁殖体、真菌、病毒、结核杆菌具有较强的杀灭作用，高浓度时能杀灭细菌芽孢，适用于饮水、饲具、环境与物体表面等以及污水污物、排泄物、分泌物的消毒。

图7-1 含氯（溴）消毒剂

（2）过氧乙酸 过氧乙酸为酸性透明液体，属于高效消毒剂，可杀灭各种微生物，包括细菌繁殖体、真菌、病毒、结核杆菌和细菌芽孢，温度在0℃以下时，仍可保持活性，适用于料盘、饮水设备、环境、物体表面等的消毒。

(3) 二氧化氯　二氧化氯有粉剂、片剂、液体等多种剂型，属于高效消毒剂，可杀灭各种微生物，包括细菌繁殖体、真菌、病毒、结核杆菌（分枝杆菌）和细菌芽孢，适用于料盘、饮水设备、饮水、污水、物体表面等的消毒。

(4) 碘伏　碘伏（图 7-2）是碘以表面活性剂为载体的不定型结合物，属于中效消毒剂，可杀灭细菌芽孢以外的各种微生物，包括细菌繁殖体、真菌、病毒、结核杆菌（分枝杆菌），适用于手、皮肤、黏膜消毒，也可用于物体表面消毒。

图 7-2　碘伏

(5) 乙醇　别名酒精，为无色透明液体，属于中效消毒剂，可杀灭除细菌芽孢以外的各种微生物，包括细菌繁殖体、真菌、病毒、结核杆菌（分枝杆菌），适用于手、皮肤消毒，也可用于小面积物体表面与诊疗用品的紧急快速消毒。

(6) 季铵盐类消毒剂　常用季铵盐类消毒剂产品有新洁尔灭、苯扎氯铵等，使用液为淡黄色液体，具有芳香味，性质稳定。季铵盐类消毒剂属于低效消毒剂，只能杀灭细菌繁殖体、部分真菌与亲脂病毒；与醇复配的制剂能杀灭真菌、病毒、结核杆菌（分枝杆菌）而达到中等水平消毒；适用于手、皮肤、黏膜与物体表面消毒。

（7）氯己定 氯己定（洗必泰）是阳离子双缩胍，性质稳定，难溶于水。氯己定属低效消毒剂，只能杀灭细菌繁殖体、部分真菌与亲脂病毒；与醇复配的制剂能杀灭真菌、病毒、结核杆菌（分枝杆菌）而达到中等水平消毒；适用于手、皮肤、黏膜消毒。

（8）戊二醛 为淡黄色液体，对金属腐蚀性小，酸性条件下稳定。戊二醛属于高效消毒剂，可杀灭各种微生物，包括细菌繁殖体、真菌、病毒、结核杆菌（分枝杆菌）和细菌芽孢，适用于不耐热、不耐腐蚀医疗器械与精密仪器等的消毒与灭菌。

224. 选择常用消毒剂要遵循哪些原则？

消毒是养殖场举足轻重的环节，消毒方法的正确与否是预防养殖场疫病感染和控制疫病爆发的重要措施之一，是养殖场高效发展的重要保证。养殖场选择消毒剂应遵循以下几个方面的原则。

（1）使用高效、低毒、无腐蚀性，无特殊的嗅味和颜色，不对设备、物料、产品产生污染的消毒剂；

（2）在有效抗菌浓度时，易溶或混溶于水，与其他消毒剂无配伍禁忌；

（3）对大幅温度变化显示长效稳定性，贮存过程中稳定；

（4）价格便宜；

（5）将需要消毒的环境或物品清理干净，去掉灰尘和覆盖物，有利于消毒剂发挥作用；

（6）养殖场应多备几种消毒剂，定期交替使用，以免产生耐药性；

（7）密切关注消毒剂市场的发展动态，及时选用和更换最佳的消毒新产品，以达最佳消毒效果。

225. 配制消毒液时要注意什么问题？

（1）应选择有卫生部卫生许可批准文件的消毒剂使用；

（2）调配或使用时应打开门窗，保持空气流通，最好戴口罩和手套进行操作，配制时应有量杯或汤勺计算分量；

（3）配制好的消毒液应当天用完；

（4）如不慎碰到眼睛，应立即用清水冲洗，如仍不适应立即求医。

226. 生产中如何正确选择消毒方法？

（1）清洗擦拭消毒 如图 7-3 所示，先用扫帚清扫灰尘，再用水冲洗污物，并擦拭干净，可用洗涤剂和消毒剂擦拭。

图 7-3　清洗消毒液

（2）高压水枪喷洒消毒 如图 7-4 所示，适用于空舍后的彻底消毒，使所有的灰尘随消毒水落在地面上，避免尘土飞扬。因为有些病毒性的病原体（如新城疫病毒、传染性喉气管炎病毒）以及一

图 7-4　喷洒消毒

些细菌性病原体（如沙门菌和葡萄球菌等）容易吸附在灰尘上，当用扫帚清扫时，灰尘可随风飘扬很长一段距离，使环境发生污染。将配制好的消毒液装在高压水枪水壶里对鸭舍环境、设备进行喷洒消毒。

（3）**熏蒸消毒**　将消毒剂经过处理产生杀菌气体以消灭病原体，如福尔马林和过氧乙酸等经加热或加氧化剂时可产生气体。

（4）**浸泡消毒**　将一些设备和用具放在消毒池内 2 小时，用药液浸泡消毒，然后再用清水冲洗干净，如蛋盘、试验器材等。

（5）**生物消毒**　利用生物学方法消灭病原微生物，如将鸭粪堆积发酵。

227. 如何建立消毒制度？

（1）根据生产实际，制订消毒计划和程序，确定消毒剂种类及其使用浓度、方法，明确消毒工作的管理者和执行人，落实消毒工作责任。

（2）做好日常消毒，定期对圈舍、道路、环境进行消毒，必要时带鸭消毒，定期更换消毒池内的消毒液，保持有效浓度，做好生产场所的消毒，同时要严格诊疗器械的消毒工作。

（3）强化随时消毒，在出现个别鸭发生一般性疫病或突然死亡时，应立即对所在圈舍进行局部强化消毒，包括对发病或死亡的鸭的消毒及无害化处理。

（4）加强终末消毒，全进全出制生产方式下，在鸭出栏后，应对全场或空舍、饲养用具等进行全方位的彻底清洗和消毒；或在周围地区发生国家规定的一、二类疫病流行初期，或在本场发生国家规定的一、二类疫病流行平息后，解除封锁前均应对全场进行彻底清洗和消毒。

（5）严格消毒程序，一般消毒应按下列顺序进行：清扫、高压水冲洗、喷洒消毒剂、清洗、熏蒸消毒或干燥（或火焰）消毒、喷洒消毒剂、转入肉鸭。

(6) 加强环境卫生整治，消灭老鼠，割除杂草，填干水坑，以防蚊、蝇滋生，消灭疫病传播媒介。

228. 孵化室、孵化用具如何消毒?

(1) 孵化室的消毒 用火焰枪对准孵化室的墙壁、地面等进行火焰消毒，火焰枪喷射出的火焰具有很高的温度，利用高温将病原体杀死。

(2) 孵化用具的消毒 孵化时与种蛋有接触的所有的设备和用具都要做好卫生消毒工作，蛋托、码蛋盘、出雏筐、存雏筐使用后要用高压泵清水冲洗干净，再放入 2% 的火碱（氢氧化钠）水中浸泡 30 分钟，然后用清水冲干净。操作台及用具使用后也要清洗消毒，照蛋落盘后对臭蛋桶要清理消毒，地面火碱墩地。

(3) 孵化机的消毒 孵化机及蛋架车使用后要用高压泵清水冲洗干净，用消毒液擦拭，再用清水冲干净，最后把干净的码蛋盘、出雏筐放入孵化机内熏蒸消毒 30 分钟。出雏机及出雏室是雏鸭的产房，需要的卫生消毒特别严格，而此地又是绒毛多，最难清理的地方，所以一定要认真仔细地清理每个角落，不能有死角。发完雏鸭后存雏室一定要冲洗干净，包括房顶、四壁、窗户、水暖管道等，再把干净卫生的存雏筐放入室内，进行熏蒸消毒 30 分钟，或喷雾消毒，避免交叉感染。

229. 鸭场常用的注射器械如何消毒?

使用过的注射器先用 1% 过氧乙酸溶液浸泡 30 分钟，清洗、煮沸或高压蒸汽灭菌。针头、换药碗用肥皂水煮沸消毒 15 分钟后，洗净、消毒后备用，煮沸时间从水沸腾时算起。将药杯用清水冲净残留药液，然后泡在 1:1000 的新洁尔灭溶液中 1 小时，再用清水刷洗干净后经煮沸消毒 15 分钟或高压灭菌。被脓、血污染的镊子、钳子或锋利器械应先用清水刷洗干净，再进行消毒；污物桶内污物倒出后，用 0.2% 过氧乙酸溶液喷雾消毒，放置 30 分钟，用碱水或肥皂水将桶刷洗干净，用清水洗净后备用。经清洗后的创巾、敷料分包，高压灭菌备用。被污染性物质污染时，应先消毒后洗涤，再灭菌。浸泡消毒时待消毒物品应全部浸入消毒水内。

230. 如何进行鸭场舍的消毒？

（1）要根据消毒药物的性质和消毒对象，掌握好药物浓度和作用时间。

（2）鸭舍在消毒前，要先彻底清扫。

（3）要注意消毒药的酸碱度。

（4）不同的病原体对不同的消毒药敏感性有很大差别，养殖户在消毒时尽量不要用几种消毒药物配合使用，并且两种不同性质的消毒药使用时要隔开一段时间。

（5）喷雾消毒时最好选在气温较高的中午，以防水分蒸发而使舍内温度降低，引起鸭受凉造成鸭群患病。另外，消毒前一天给鸭群饮用0.1%维生素C水或水溶性多种维生素溶液。

（6）选择刺激性小、高效低毒的消毒剂，如0.02%百毒杀、0.2%抗毒威、0.1%新洁尔灭、0.3%～0.6%毒菌净、0.3%～0.5%过氧乙酸等。

（7）在选择消毒药时，要多种轮换，交叉使用，防止病原微生物产生抗药性，每周更换一种消毒药，这样可以针对不同微生物发挥作用。

（8）用生石灰消毒时，要把生石灰加水变成熟石灰，再用熟石灰加水配成乳浊液消毒，石灰水必须现配现用，不能放置时间过长。干燥的天气不能使用石灰粉在鸭舍内撒布消毒，避免漂浮在鸭舍内的石灰粉吸入鼻腔和气管，诱发呼吸道病。

（9）消毒药的酸碱性一定要与所用水的酸碱性一致，否则不但效果差，甚至会无效。

（10）鸭舍内的消毒不应只是简单的喷洒，应重视天棚、门窗、供水系统及排污沟等卫生死角处的消毒，防止这些地方变成了病原菌繁殖的场所。

231. 影响消毒效果的因素有哪些?

消毒时,除了应注意消毒方法本身的性质和特点外,还要注意使用方法和外界因素对消毒效果的影响。不论使用哪种消毒方法,消毒效果都会受多方面因素的影响,对这些因素的有效控制能提高消毒效果。主要影响因素有以下几方面:

(1) 消毒的剂量 消毒剂量是杀灭微生物的基本条件,它包括消毒强度和消毒时间两方面。消毒强度在热力消毒时是指温度高低,在化学消毒时是指溶液浓度,在紫外线消毒时是指紫外线照射强度。一般来说,增加消毒强度能相应提高消毒(杀菌)的速度。减少消毒作用时间也会使消毒效果降低。

(2) 微生物污染的种类和数量 生物的种类不同,消毒的效果自然不同,微生物数量的多少也会影响消毒效果。所以,在消毒前要考虑到微生物污染的种类和数量。

(3) 温度的影响 除热力消毒完全依靠温度作用来杀灭微生物外,其他各种消毒方法都受温度变化的影响。无论是物理消毒还是化学消毒,都是温度越高效果越好。

(4) 湿度的影响 消毒环境的相对湿度对气体消毒和熏蒸消毒的影响十分明显,湿度过高或过低都会影响消毒效果,甚至导致消毒失败。室内空气熏蒸消毒的相对湿度应为80%～90%,小型环氧乙烷消毒处理的相对湿度以40%～60%为宜,大型消毒(空间大于0.15立方米)相对湿度为50%～80%。紫外线在相对湿度为60%以下杀菌力较强。

(5) 酸碱度的影响 酸碱度的变化可直接影响消毒效果。洗必泰、季铵盐类化合物在碱性环境中杀菌作用较大。

(6) 有机物的影响 消毒环境中的有机物往往能抑制或减弱杀菌能力,特别是化学消毒剂的杀菌能力。各种消毒剂受有机物的影响不尽相同,如在有机物存在时,含氯消毒剂的杀菌作用显著下降;季铵盐类、双胍类和过氧化合物类的消毒作用受有机物的影响也很明显;环氧乙烷、戊二醛等消毒剂受有机物的影响比较小。如果有有机物，消毒剂量则应适当加大。

（7）拮抗物质的影响 拮抗物质对化学消毒剂会产生中和与干扰作用。如：季铵盐类消毒剂的作用会被肥皂或阴离子的洗涤剂所中和；酸性或碱性的消毒剂会被碱性或酸性的物质所中和，减弱其消毒作用。

（8）穿透作用的影响 物品被消毒时，杀菌因子必须直接作用到微生物本身才能起杀菌作用。不同消毒因子穿透力不同，如干热消毒比湿热穿透力差，甲醛蒸气比环氧乙烷穿透力差，紫外线消毒只能作用于物体表面和浅层液体中的微生物。

232. 常用的杀虫和灭鼠的方法有哪些？ 如何应用？

（1）堵 经常清除杂物，搞好室内外卫生，在仓库等地加放防鼠板，下水道处放防鼠网，把室内外鼠洞堵死、墙根压实使老鼠无藏身之地。

（2）查 查鼠洞，摸清老鼠常走的鼠道和活动场所，为下毒饵、放捕鼠器提供线索。

（3）饿 保管好食物，断绝鼠粮，清除垃圾和粪便，迫使老鼠食诱饵。

（4）捕 用特制捕鼠用具如鼠笼、鼠夹、电猫、粘鼠胶等诱捕。

（5）毒 用敌鼠钠盐与稻谷、面粉等食物制成毒饵，放在老鼠出没的地方，毒杀老鼠效果较好。敌鼠钠毒饵老鼠食后4～6天死亡，磷化锌毒饵老鼠食后24小时内死亡，毒鼠磷毒饵老鼠食后10小时后死亡。

233. 如何处理和利用鸭粪？

（1）鸭粪养鱼，牧渔结合 实行鸭粪污水养鱼是养鸭场处理粪便最经济的方法之一。比较成功的经验是利用山塘水库、低产田蓄水养鱼。根据周围鱼塘对鸭粪和污水的自然消化能力，发展人工生态养鸭场。由于渔鸭结合，鸭舍在塘边建造，鸭粪和污水直接入塘，培肥水质，可促使水中浮游生物生长，既为鱼提供食料，又保持了鸭舍与环境卫生。一般80只鸭1亩鱼塘，既能达到自然吸纳和净化环境的效果，又能使鸭的生活环境净化，有利于肉鸭的健康。

（2）鸭粪作肥料，农牧结合 鸭粪中含有植物生长必需的氮、磷、钾等多种元素，其中含氮1.1%、磷1.4%、钾0.02%，是一种很好的有机肥料。在建设鸭场时，可选择靠近农田、林果、牧地建场，使鸭粪和污水能被农田、林果、牧地自然消化。禁止在场内或场外随意堆放、排放粪便和污水。鸭粪等废弃物通过合理堆积沤肥，可有效地消灭粪便中的多种病原体和寄生虫卵，又可为农业提供大量的有机肥，改良土壤，提高地力，同时也改善了鸭场环境。

（3）鸭粪育虫，生产动物蛋白 鸭粪中含有13%蛋白质，很适宜昆虫、虫蛆的生长和繁殖。常见的方法是用鸭粪培育蝇蛆，利用虫蛆喂鸭或其他畜禽，既解决了鸭粪的出路，又给肉鸭提供了丰富的优质蛋白。

234. 如何处理肉鸭场的污水？

肉鸭场在生产过程中会产生大量的污水，特别是饲养肉种鸭。污水只有经过合理的处理才符合要求，不至于给周围环境和鸭场造成污染。常见的污水处理方法有以下几种。

（1）污水肥田（苗木林用得较多）。

（2）污水经过简单的处理后进入污水管网进行统一处理。

（3）污水经过固液分离机，去除大部分粪便以及大颗粒悬浮物质。固液分离后固体进入沼气池，进行厌氧发酵，厌氧发酵后产生的沼气可用于生活和生产。沉淀池出水进入调节池，然后经过一系列生物处理，对污水进行生物降解，去除污水中的有机物、氨氮等其他污染物，处理后的污水经沉淀、消毒处理之后达到国家排放标准外排，也可回用来冲洗圈舍或者浇灌绿化。

235. 如何处理病死肉鸭？

肉鸭生产过程中经常会发现病死鸭，对于病死鸭的处理主要有这样几种方法。

（1）深埋 深埋是一种暂时有效，其实不彻底的尸体处理方法，但其比较简单易行。深埋应选择干燥、地势较高，距离住宅、道路、水井、河流及牧场较远的地方进行。坑的深度要在 2 米以上。

（2）化制 将死鸭投入专门的化制坑内，使其腐败以达到消毒的目的。化制坑一般为直径 3 米、深 10～13 米的圆形井，坑壁和坑底用不透水的材料制成。

（3）焚烧 焚烧是最彻底的处理病死鸭的方法，对传染性的病死鸭用这种方法处理比较好。养殖场一般可以自设焚尸炉。

（二）鸭场的卫生防疫

236. 什么是肉鸭养殖场的生物安全？ 对疫病的防治有何帮助？

生物安全是一个综合性控制疾病发生的体系，即将可传播的传染性疾病、寄生虫和害虫排除在外的所有的安全措施的总称。控制好病原微生物、昆虫、野鸟和啮齿动物，并使肉鸭有好的抗体水平，在良好的饲养管理和科学的营养供给下，肉鸭群才能发挥出最大的生产潜力。

通过建立生物安全体系，采取严格的隔离、消毒和防疫措施，降低和消除肉鸭场内污染的病原微生物，减少或杜绝鸭群的外源性继发感染机会，从根本上减少依赖疫苗和药物的弊端，从而实现预防和控制疫病的目的。

237. 肉鸭场的综合防治关键技术有哪些？

（1）做好环境消毒工作是预防疫病的前提 消毒前先要进行彻底的清扫冲洗，以防有机物（如粪、尿、脓血、体液等）的存在，然后再进行喷洒药液消毒。鸭场消毒时要遵循先净道（运送饲料等的道路），后污道（清粪车行驶的道路）；先后备鸭场区，后蛋鸭场区；先种鸭后商品鸭。肉鸭舍内的消毒桶严禁借用或混用。一般情况下，每周不少于两次的全场和带鸭消毒；发病时期，坚持每天带鸭消毒。

（2）做好基础免疫工作是预防鸭病流行的关键　为了预防传染病的发生，养殖场必须制订合理的免疫程序以保护鸭群健康。一个地区鸭群可能发生的传染病不止一种，而可以预防这些传染病的疫苗（菌苗）的性质不尽相同，在鸭体内所产生的抗体并能抵抗病原微生物侵袭的期限（免疫期）也不同。因此，鸭群需使用多种疫苗（菌苗）来预防不同疾病，也需要根据各种疫苗（菌苗）的免疫特性来制订预防接种的次数和时间，这就形成了在实际中应用的免疫程序。一个合理的免疫程序能够很好地预防疾病的发生，并减少因为免疫给鸭群造成的应激反应。因此，肉种鸭免疫应避开产蛋高峰，雏鸭免疫应考虑母源抗体的存在。给鸭群进行免疫既要减少人力、物力的浪费，又要提高免疫质量，关键要看免疫效果。鸭场可根据本地区和本场疾病发生情况，适时适度地引入疫苗进行免疫，例如在鸭肝炎的高发区或受肝炎威胁的地区就必须进行鸭传染性肝炎的免疫。

疫苗免疫，对鸭群本身是一种应激，为了减小这种应激，可在饲料或饮水中添加多维电解质。不同季节，免疫接种要注意的细节问题不同。冬季气温极低，使用油乳剂灭活疫苗时，先要将疫苗恢复至室温，否则注射到皮下的疫苗形成疫苗团而不易吸收；夏季气候炎热，疫苗接种时，首先要保证充足的饮水，并且尽量将免疫时间安排在清晨凉爽的时候。免疫中，要不断摇匀疫苗，使每只鸭都能获得等量有效的抗原免疫。接种组织弱毒苗时，免疫全程时间最好控制在1个半小时内，以防疫苗在温度过高的鸭舍中长时间暴露而影响病毒的免疫活性。

（3）建立科学的疾病防御体系是控制疫病流行的保障　肉鸭场大门口要树立标识"防疫重地，谢绝参观"的标牌，设专人值班，严禁外来车辆和人员进场，进入生产区时必须洗手消毒并经消毒通道（有消毒水池和紫外光）方可进入。

各舍饲养员禁止串场、串岗，以防交叉感染。场区环境应保持干净无污，随时射杀进入场区的野鸟，严防其粪便污染饲料和运动场；坚持定期的全场和带鸭消毒，发病期间要天天消毒；做好灭鼠和灭蚊蝇工作。病死鸭和剖解病料必须做无害化处理，不得任其污染环境。

兽医对病死鸭要勤于剖检，病料应及时进行实验室检验，依据药敏结果用药防治。初期投药后，兽医仍应进行跟踪治疗，直到病愈为止。兽医根据药敏试验、临床用药情况、发病日龄和季节，结合生产实践，制订本场的预防用药程序。在选药时，避免使用假冒伪劣兽药而造成免疫失败。

（4）做好禽流感防控工作是当前及今后的迫切任务　禽流感给肉鸭养殖业造成的经济损失非常大，严重的则是灭顶之灾。该病血清型众多，且存在基因突变、重组或重排现象，给防控带来了很大的困难。因此在进行禽流感防控中，除采用免疫预防结合药物治疗的常规方法外，还应根据禽流感病毒感染不同于其他疾病的特征，采取一系列综合防治措施。

考虑到禽流感不但血清型众多，而且病毒基因存在突变、重组或重排，这样就需要快速多变的疫情监测工作严格有效。因此，定期持续的鸭群跟踪监测成为必要。加强病毒分子生物学和流行病学研究，根据发病时间、发病地区的病毒特点和差异，确立疫病防控措施的重点。

238. 如何鉴别健康肉鸭与患病肉鸭？

（1）健康肉鸭　健康肉鸭羽毛光滑、生长速度快、叫声洪亮、食欲强等。

（2）患病肉鸭　患病肉鸭一般会出现消瘦、产蛋量下降、食欲减退、饮水增加、两腿麻痹等现象。

239. 何谓免疫程序？ 制订鸭场免疫程序的依据是什么？

免疫程序是指根据一定地区或养鸭场内不同传染病的流行状况及疫苗特性，为肉鸭群体制订的免疫接种方案。

制订鸭场免疫程序的依据是：

（1）本地或本厂的疫情；

（2）母源抗体的水平；

（3）疫苗生产厂家；

（4）疫苗毒株的血清型、亚型或毒株；

（5）疫苗之间的干扰；

（6）疫苗剂量与稀释量的确定；

（7）疫苗的接种途径；

（8）根据免疫检测结果及突发疾病的发生所做的必要修改和补充等。

240. 如何制订鸭场免疫程序？

制订免疫程序前首先要了解本地区及本场肉鸭传染性疾病的发病情况，以及疫苗的使用情况，然后再确定需要进行哪些疾病的免疫预防，在什么时间进行免疫，免疫的方法，需要几次免疫才能保证效果。肉鸭免疫程序见表7-1，供参考。

表 7-1　肉鸭的免疫程序

日龄	疫苗种类	用法用量
1	鸭病毒性肝炎弱毒疫苗	皮下注射
10	鸭瘟弱毒疫苗	肌内注射
15	双价禽流感 H5N1＋H9N2 灭活苗	皮下或肌内注射
25	禽霍乱油乳灭活苗	皮下注射或饮水免疫

241. 肉鸭养殖场常用的疫苗种类有哪些？ 如何使用？

（1）鸭病毒性肝炎疫苗　无母源抗体的 1 日龄雏鸭，用鸭病毒性肝炎疫苗 20 倍稀释，每只 0.5 毫升肌内注射；有母源抗体的7～10 日龄皮下 1 毫升注射。

（2）鸭瘟疫苗　用鸭瘟弱毒苗 10 日龄首免，40 倍稀释，每只 0.2 毫升肌内注射；60 日龄 100 倍稀释 0.5 毫升肌内注射。肉种鸭开产前 200 倍稀释每只肌内注射 1 毫升。

（3）禽流感疫苗　用禽流感二价灭活苗，10～15 日龄首免，每只皮下或肌内注射 0.3 毫升；50～60 日龄二免，每只 0.5 毫升；肉种鸭 160 日龄三免，每只 1.5～2 毫升。

（4）鸭霍乱疫苗　25 日龄首免，用禽霍乱油乳灭活苗每只颈部皮下注射 0.3 毫升，也可用弱毒苗按说明饮水免疫。

242. 如何运输和保管各种疫苗？

疫苗的科学运输和保管，是保证免疫成功的重要环节之一，在运输和保管过程中应注意：

（1）避免高温和直射阳光，在夏季天气炎热时尤其重要。

（2）疫苗应低温保存和运输，但应注意不同种类的疫苗所需的最佳温度不同，冻干苗、湿苗需要－20～0℃，如新城疫Ⅰ系疫苗；油乳剂疫苗和铝胶剂疫苗则应避免冻结，最适温度为 2～8℃，如禽流感油苗等。

（3）疫苗应有专人保管，并造册登记，以免错乱。

（4）不同种类、不同血清型、不同毒株、不同有效期的疫苗应分开保存，先用有效期短的后用有效期长的，以避免疫苗过期失效。

（5）应经常检查电冰箱或冰库电源及温度，最好应有发电机备用，如无条件可以先预冻一些冰块，停电时用冰块对疫苗进行保温，以避免反复冻融。

（6）电冰箱或冷藏柜内如结霜（或冰）太厚时，应及时除霜，使冰箱达到确定的冷藏温度。

（7）保存期较长的和较重要的疫苗应与常用疫苗分开保存，并尽可能减少打开冰箱门的次数，尤其是天气炎热时更应注意。

243. 接种时如何稀释疫苗？

各种疫苗所用的稀释剂、稀释倍数及稀释的方法都有一定的规定，一般在说明书上都有明确的标示，使用时必须严格按照说明书操作。自来水内含有消毒剂，不宜用于疫苗的稀释，会引起疫苗中病毒或细菌部分死亡。疫苗要现用现稀释，不可使用稀释后放置时间过长的疫苗。如果饮水免疫的疫苗稀释不均，部分肉鸭饮量不足也会影响免疫效果。稀释倍数也很重要，如果任意加大稀释倍数，而接种量不加大，则效价就会降低。

疫苗稀释时应注意如下几点：避免用漂白粉处理的水；避免使用已经被细菌严重污染的水；避免使用含有金属离子的水；稀释弱毒苗时加点脱脂奶粉可以起到稳定病毒的作用。

244. 常用免疫接种的方法有哪些？

免疫接种时常用方法有拌料、滴鼻、滴眼、饮水、气雾、皮下注射或肌内注射，此外还有刺种、肛门涂擦、羽毛囊涂擦等。

245. 肉鸭注射免疫时有哪些注意事项？

（1）注射前将灭活疫苗置于室温下，使之达到周围环境的温度。开启疫苗瓶之前，需阅读包装中的说明书和瓶签，并认真核实生产日期及有效期。疫苗不要在鸭舍内开启，也不要置于阳光下暴晒。

（2）注射器、针头使用前必须进行严格消毒处理，每使用一瓶疫苗后都必须更换新的针头。

（3）颈部皮下注射时，用手轻轻提起颈部皮肤，将针头从颈部皮下朝身体方向45°角刺入，使疫苗注入皮肤与肌肉之间。

（4）使用油乳剂疫苗时，可用翅膀注射代替胸、腿肌注射，用手提起肉鸭的翅膀，将针头朝身体的方向刺入翅膀肌肉，小心刺破血管或损伤骨头。

（5）胸肌注射适用注射剂量要求十分准确的疫苗。将针头成

30°～45°角倾斜于胸1/3处朝背部方向刺入胸肌。切忌垂直刺入胸肌，以免出现穿破胸腔的危险。

（6）腿部肌内注射主要适用于笼养肉鸭群，将针头朝身体的方向刺入外侧腿肌，小心避免刺伤腿部的血管、神经和骨头。

（7）由于鸭肉加工或其他原因限制，在颈部、胸部、腿部和翅膀注射疫苗时可使用尾部注射，将针头朝着头部方向，沿着尾骨一侧刺入尾部。为防止疫苗渗漏，不能过早拔出针头。

246. 肉鸭饮水免疫时有哪些注意事项？

饮水免疫对于大群饲养肉鸭较适用，此方法方便省力，还可避免因抓鸭而造成应激因素的不良影响。但易造成免疫剂量不均匀，免疫水平参差不齐。此外，饮水法产生的免疫力也较小，往往不能抵抗较强毒力毒株的侵袭。具体操作方法及注意事项如下：

（1）在水中开启盛有疫苗的小瓶；

（2）以清洁的棒搅拌，将疫苗和水充分混匀；

（3）配制疫苗的水中不能含氯及其他消毒剂，特别是一些金属离子，如铁、铜、锌等，金属离子对活菌（毒）有杀灭作用；

（4）免疫前，夏季肉鸭群应停水4小时，其他季节停水6小时，保证所有肉鸭都喝到足够的疫苗水；

（5）配制疫苗过程中，不要使用金属容器，饮水器要用无毒塑料制品，饮水器消毒后，必须用水冲洗干净，避免残留消毒剂杀死疫苗毒株；

（6）要有足够的饮水器，以确保每只肉鸭均有足够的饮水位置。

247. 肉鸭的饲养用药技术有哪些？

（1）充分了解兽药，科学用药 加强对兽药知识的学习和了解，弄清药物的主要成分和药理作用。充分考虑肉鸭的实际病情，选用药效可靠、安全、方便、价廉的兽药。反对滥用药物，尤其不能长期大剂量使用抗菌药物。肉鸭正确用药的关键是对病情正确的诊断。肉鸭发病有的是由病毒引起的，如鸭瘟、鸭肝炎等；有的是由细菌感染引起的，如浆膜炎、大肠杆菌病等。病毒病常采用干扰素、血清、卵黄抗体、黄芪多糖等药物治疗，细菌性疾病选用高效的抗菌药物进行治疗。肉鸭用药要掌握中药和西药相结合、抗病毒和抗病菌相结合的原则。几乎所有的药物不仅有治疗作用，也存在不良反应。科学地合理使用抗病毒药和抗菌药，按说明书的剂量，不能盲目地随意加大用药剂量，以防药物中毒。如果在用药之前使用电解多维等药物，可以降低应激反应，提高鸭群的抗病力。

（2）**联合用药**　肉鸭用药有时采用联合用药，目的主要在于扩大抗菌谱，增强疗效，减少用量，避免耐药性的产生，降低毒副作用等。联合用药要注意药物的配伍禁忌，有些药物合用能产生协同作用，而有的药物合用会产生拮抗作用。例如磺胺药与抗菌增效剂合用，使药物抗菌效果增强，抗菌范围扩大。应用抗菌药物治疗过程中还要注意耐药性，其中大肠杆菌、铜绿假单胞、痢疾杆菌等最易产生耐药性。还应该考虑用中草药，如鱼腥草、青蒿、马齿苋等易得草药。

（3）**制订合理的给药方案、给药方式**　肉鸭用药首先要结合病情制订合理的给药方案，最好在兽医的指导下进行。用抗菌药治病时必须有合适的剂量、间隔时间及疗程。疗程应充足，一般感染性疾病可连续用药 3～4 天，症状消失后，再巩固 1～2 天，以防复发，磺胺类药的疗程更长。药物剂量的应用应根据病情，对急性传染病和严重感染病例剂量应增大，使药物在血液中尽快达到有效浓度。药物的应用还应特别注意给药方式，一些药物添加到饲料中易被胃酸和消化酶破坏，仅少量吸收，如青霉素类大部分要肌内注射。对于呼吸道疾病可以喷雾治疗。

（4）**定期消毒，加强免疫**　定期进行消毒对防治肉鸭疾病具有积极作用。应该选用有机氯等高效低毒的消毒药，消毒前先要做物理性的清扫冲洗，以防有机物（如粪、尿、脓血、体液等）影响消毒效果，然后再喷洒药液进行消毒。制订消毒程序，一般 $10 \sim 15$ 天进行一次带鸭消毒、$5 \sim 7$ 天进行一次环境消毒。同时，疫苗预防必不可少，要加强疫苗的防疫，结合当地疫病发生情况制订合理的免疫程序，虽然肉鸭生长周期短，但是药物预防不能代替疫苗预防。

248. 影响免疫效果的因素有哪些？

（1）遗传因素 机体对接种抗原的免疫应答在一定程度上是受遗传控制的，因此，不同品种甚至同一品种的不同个体，对同一种抗原的免疫反应强弱也有差异。

（2）营养状况 维生素、微量元素、氨基酸的缺乏都会使机体的免疫功能下降。例如，维生素 A 缺乏会导致淋巴器官的萎缩，影响淋巴细胞的分化、增殖、受体表达与活化，导致体内的 T 淋巴细胞、NK 细胞数量减少，吞噬细胞的吞噬能力下降。

（3）环境因素 环境因素包括肉鸭生长环境的温度、湿度、通风状况、环境卫生及消毒等。如果环境过冷过热、湿度过大、通风不良都会使机体出现不同程度的应激反应，导致机体对抗原的免疫应答能力下降，接种疫苗后不能取得相应的免疫效果，表现为抗体水平低、细胞免疫应答减弱。环境卫生和消毒工作做得好可降低或杜绝强毒感染的机会，使肉鸭安全度过接种疫苗后的诱导期。只有环境搞得好，才可以减少发病的机会，即使抗体水平不高也能得到有效的保护。如果环境差，存有大量的病原，即使抗体水平较高也会存在发病的可能。

（4）疫苗的质量 疫苗质量是免疫成败的关键因素。弱毒苗接种后在体内有一个繁殖过程，因而接种的疫苗中必须含有足够量的有活力的病原，否则会影响免疫效果。灭活苗接种后没有繁殖过程，因而必须有足够的抗原量作保证，才能刺激机体产生较强的免疫力。保存与运输不当会使疫苗质量下降甚至失效。

（5）疫苗的使用 在疫苗使用过程中有很多因素会影响免疫效

果，例如疫苗的稀释方法、水质、雾粒大小、接种途径、免疫程序等都是影响免疫效果的重要因素。

（6）病原的血清型与变异　有些疾病的病原含有多个血清型，给免疫防治造成困难。如果疫苗毒株（或菌株）的血清型与引起疾病病原的血清型不同，则难以取得良好的预防效果，因而针对多血清型的疾病应考虑使用多价苗。针对一些易变异的病原，疫苗免疫往往不能取得很好的免疫效果。

（7）疾病对免疫的影响　有些疾病可以引起免疫抑制，从而严重影响疫苗的免疫效果，甚至导致免疫失败。另外，肉鸭的免疫缺陷病、中毒病等对疫苗的免疫效果也有不同程度的影响。

（8）母源抗体　母源抗体的被动免疫对雏鸭是十分重要的，然而对疫苗的接种也会带来一定的影响，尤其是弱毒疫苗在免疫时，如果肉鸭自身存在较高水平的母源抗体，会严重影响疫苗的免疫效果。

（9）病原微生物之间的干扰作用　同时免疫两种或多种弱毒疫苗往往会产生干扰现象，给免疫带来一定的影响。

249. 免疫失败的原因有哪些？　可采取哪些对策？

免疫失败的原因主要有以下几方面：

① 在免疫接种时没有按照使用说明书来稀释及没有按接种剂量使用。

② 疫苗过期、污染、无标签等，疫苗瓶封口不严实。

③ 疫苗保存的方法不正确。

④ 在接种疫苗时，不同个体的免疫应答程度都有差异，有的强一些，有的较弱，免疫应答的强弱或水平高低呈正态分布，因而绝大部分肉鸭在接种疫苗后都能产生较强的免疫应答。但因个体差异，会有少数个体应答能力差，因而在有强毒感染时，不能抵抗攻击而发病。如果群体免疫力强，则不会发生流行病；如果群体抵抗力弱，则会发生较大的流行病。

为避免免疫失败，可相应采取以下对策：

① 首先确保疫苗的有效性；

② 对肉鸭加强饲养管理，使其有较好的身体素质；

③ 在疫苗注射免疫时要注意注射的位置；

④ 加强环境的控制；

⑤ 确保在免疫时被免疫个体没有疫病；

⑥ 制订合适的免疫程序。

250. 进行肉鸭场的流行病学调查主要包括哪些内容？

肉鸭场的流行病学调查主要内容包括调查分析疾病发病率、死亡率同环境污染物的关系，找出某些疾病的环境病因，提供线索或建立假说，以便进一步深入研究。

251. 鸭病临床观察包括哪些方面？

（1）外观 肉鸭的营养状态和精神状态，肉鸭的运动状态、呼吸状态、头部状态（眼睛、鼻腔、口腔、喉）、肢体状态（腿部、腹部、肛门），以及粪便的观察。

（2）解剖 呼吸系统（气管、肺）、消化系统（食道、胃、肠道、肝脏）、腹腔、胸腔、其他器官（心脏、脾脏、腺体、肾脏、繁殖器官、脑、肌肉）。

252. 病理剖检操作顺序及观察的项目有哪些？

（1）检查羽毛 观察羽毛发育程度、完整性及有无脱落。

（2）检查皮肤 观察肉鸭皮肤有否肿瘤、脓肿、水肿、痘疹，面部有无肿胀、痘疹、坏死，肛周有无粪便污染。

（3）检查营养状态 观察肉鸭的肌肉丰满程度，常见消瘦。

（4）尸体检查 将尸体用消毒液（水）浸湿，不可将水灌入气管，避免羽毛和尘土飞扬，污染环境和内脏，尤其在实验室内。

（5）口腔与食管检查 沿喙角剪开观察口腔与食管有无结节、假膜。

（6）**检查鼻腔和眶下窦** 沿上颌横切，观察鼻腔和眶下窦有无黏液、干酪样物。

（7）**检查喉气管** 沿喉头剪开喉气管，喉气管的病变对许多疾病有诊断意义，应首先剖检，避免在解剖时造成气管污染，妨碍检查。另外，在给肉鸭放血时，最好不要破坏气管，以便观察病理变化：有无出血、血凝块、纤维素块、黏液及黄白色的隆起等。

（8）**打开腹部的皮肤** 将两腿向后扭转，并仰卧保定，用剪刀在腹部剪口，徒手将皮肤撕开，暴露胸部、腿部等，注意观察胸腿肌肉有无出血、苍白、肿瘤、囊肿，皮下有无水肿等。

（9）**检查坐骨神经** 注意观察坐骨神经有无肿胀、出血。

（10）**打开腹腔** 在胸骨的末端剪口，分别沿左右两侧肋骨剪至脊柱，注意保护胸部气囊完整性，观察气囊有无混浊、纤维素，肺脏颜色、纤维素、黄色结节等，有无腹水及其他渗出物等，是否腺胃穿孔。

（11）在腺胃前端剪断食道，取出消化器官。检查心包、心脏，注意观察心包液的数量、混浊度，有无纤维素渗出物，心脏出血、肿瘤、坏死、心扩张等。

（12）**肾脏和输尿管的检查** 注意观察肾脏大小、色泽（出血、尿酸盐充满）、肿瘤，输尿管有无结石、尿酸盐等。

（13）**检查卵巢及输卵管** 注意观察卵巢发育程度、硬度、形态、完整性、肿瘤及色泽等。观察输卵管的粗细，有无腐败性、脓性分泌物或煮熟卵黄、蛋白样物质、囊肿等。

（14）**检查肝脏、胆囊** 注意观察肝脏的大小、硬度、形状、色泽、完整性、坏死点及肿瘤，胆囊的大小、胆汁色泽（无色或淡黄色）。

（15）**检查脾脏** 观察脾脏大小，有无坏死点、肿瘤等。

（16）**检查直肠和肛门** 观察直肠和肛门有无出血、损伤。

（17）**检查盲肠和盲肠扁桃体** 注意检查盲肠和盲肠扁桃体有无出血以及肠内容物的色泽和形状等。

（18）**检查小肠**　注意观察十二指肠、空肠和回肠有无出血、肿胀、枣核样出血、坏死以及肠内容物色泽和形状等。

（19）**检查卵黄**　注意卵黄大小、色泽等。

（20）**检查肌胃、腺胃**　注意观察肌胃有无溃疡和出血，腺胃有无出血、肿瘤、溃疡或穿孔以及胃内容物色泽（绿色、褐色）等。

（21）**脑膜及脑的检查**　用剪刀剪掉头盖骨，注意观察脑内有无出血、水肿、坏死和色泽异常等。

（22）**检查骨骼**　观察骨骼的硬度、形状。

（23）**检查跟腱（腓肠肌腱）**　观察跟腱有无肿胀、断裂、移位等。

（24）**检查关节**　观察关节是否肿大、有波动感以及内容物性状等。

253. 兽药安全使用的相关原则是什么？

（1）**合理用药、选好药物**　用药一定要合乎病情需要，不要贪图价格便宜或只认新药物。微生物感染性疾病应依据药敏试验结果选择药物。

（2）**合适的剂量**　用药剂量太小，达不到治病的目的，剂量过大也不科学，不但造成浪费，还会因过量使用抗生素使病原微生物产生耐药性。

（3）**确定最佳用药时机**　一般来说，用药越早效果越好，特别是微生物感染性疾病，及早用药能迅速控制病情。细菌性痢疾却不宜早止泻，会使病菌无法及时排除而在体内大量繁殖，引起更为严重的腹泻。对症治疗的药物不宜早用，因为这些药物虽然可以缓解症状，但会损害机体的保护性反应，还会掩盖疾病真相。

（4）**考虑药物的特性**　内服能吸收的药物，可以用于全身感染，内服不能吸收的药物，如痢特灵、磺胺脒、硫酸黏杆菌素等，只能用于胃肠道感染。

（5）**注意药物的有效浓度**　肌内注射卡那霉素，有效浓度维持时间为 12 小时，连续注射间隔时间应在 10 小时以内。青霉素粉针剂一般应每隔 4～6 小时重复用药 1 次，油剂普鲁卡因青霉素则可以间隔 24 小时用药 1 次。

（6）**安全用药**　链霉素与庆大霉素、卡那霉素配合使用，会加重对听觉神经中枢的损害；肉鸭对敌百虫很敏感，应避免使用。

（7）**选用效能多样或有特效的药物**　弓形体和附红细胞体混合感染时，应尽量选用血虫净；安普霉素治疗肉鸭的大肠杆菌、沙门杆菌感染，疗效非常显著。

（8）**注意药物配伍禁忌**　酸性药物与碱性药物不能混合使用，口服活菌制剂使用时应禁用抗菌药物和吸附剂，磺胺类药物与维生素 C 合用会产生沉淀，磺胺嘧啶钠注射液与大多数抗生素配合都会产生浑浊、沉淀或变色现象，应单独使用。

（9）**防止残留**　有些抗菌药物因为代谢较慢，用药后可能会造成药物残留。因此，这些药物都有休药期的规定，用药时必须充分考虑肉鸭及其产品的上市日期，防止"药残"超标造成安全隐患。

254. 消毒、免疫、兽用化学药品如何协同应用？

在目前国内的养殖条件下，消毒防疫与疫苗免疫、化学药品具有同等重要的地位。忽视疫苗免疫、化学药品与消毒防疫之间的内在平衡，过分强调疫苗和化学药品的使用，会出现不良后果。

（1）**过分强调疫苗作用的后果**

① 疫苗应激反应　疫苗应激反应是指在疫苗接种过程中，肉鸭机体在产生免疫应答的同时，本身也受到一定程度的损伤。疫苗的使用方法不当等也可给肉鸭造成较为严重的应激反应。

② 疫苗的散毒　我国是养鸭大国，肉鸭饲养密度大，许多养殖场的条件很难达到保证生物安全的严格要求。因此，使用疫苗进行免疫接种，已成为防疫的最主要手段。疫苗若使用不当就会对肉鸭生产和人们的健康安全造成严重危害。

③ 免疫间隙期病原对机体免疫系统的损伤　肉鸭免疫抑制疾病是当前困扰养鸭业的一类重要传染病，由于免疫抑制状态的存在，极易并发和继发其他传染病和寄生虫病，例如非典型新城疫、大肠杆菌病、支原体病、球虫病等。

（2）过分强调化学药品作用的后果

① 产生耐药性　在饲料中添加抗菌剂，实际上等于给肉鸭持续低剂量口服用药，肉鸭机体胃肠道长期与药物接触，造成肠道耐药菌不断增多，耐药性也不断增强。有些细菌是人畜共患病病原菌，一旦在机体产生了耐药性，此类细菌再感染人时，抗生素治疗效果会大大降低，甚至失败。

② 化学药品的残留　出于食品安全的考虑，国家对药残检测标准日益标准化、严格化，药物残留对人的健康产生很大的威胁。

③ 停药后发病　微生物的繁殖速度是很快的，停药后，最多只需要 3～5 天，它们的数量即可恢复到原来的水平。这时病原对化学药品的耐受能力比以前有了极大提高，原来有效的一些药物效果易减弱或丧失。试验表明，化学药品使用剂量越大，抗药性的提高就越明显。

（3）消毒防疫在增强疫苗和化学药品的使用效果并减少其负效应方面具有重要作用

① 减轻疫苗应激反应　肉鸭舍卫生条件和空舍时间的长短与疫苗的应激反应之间存在重要联系，鸭舍消毒不彻底，空舍时间达不到标准要求，病原微生物会大量孳生，可在机体的消化道、呼吸道、生殖道生长繁殖，潜伏感染。一旦受到应激，特别是免疫活苗后，鸭群就易发生严重的疫苗反应，引发呼吸道炎症、拉稀、产蛋下降、死淘增加等。加强消毒防疫工作不但不会对疫苗免疫产生负面影响，反而可以有效消除疫苗的应激反应，减少免疫后出现的呼吸道症状和死淘增加等问题。

② 有效防止疫苗的散毒　通过选用适宜的消毒剂，进行正确的消毒防疫工作，可以有效阻止免疫结束后疫苗毒或野外强毒对未

免疫肉鸭的侵害。

③ 辅助疫苗产生良好免疫　疫苗接种前后使用消毒剂，可有效避免免疫间隙带来的损失。疫苗免疫后并不能马上发挥保护作用，需要肉鸭机体对外来抗原做出免疫应答并产生抗体后才可以发挥作用。合理使用消毒剂可以在免疫空白时期有效保护鸭群的健康，减少多种病原对机体免疫系统的损伤，提高免疫效果。

④ 有效降低病原的耐药性　通过合理有效地使用消毒剂，可以降低化学药品的使用频率及使用量，从而降低病原对化学药品产生耐药性的可能，提高化学药品的使用效果，降低使用成本。

⑤ 降低停药后发病引起的死亡率　肉鸭在饲养到 35 日龄停药后，原先没有表现出的疾病症状逐渐显露，给鸭群造成伤害。消毒剂的正确使用可以有效降低鸭舍环境内的病原菌数量，有效保护鸭群健康，减少相关疾病引起的经济损失。

⑥ 减少化学药品残留　合理有效地使用消毒剂，可以有效降低动物源性食品中药残的含量，提高食品的安全性，降低出口食品药残超标的风险、产品检测方面的费用支出及缩短通关时间，从而有效降低出口成本，增强产品国际市场竞争力。

（4）正确地做好生物安全工作

① 防重于治，只有认真做好生物安全工作，才能做到"少得病甚至不得病"，降低养殖成本并将损失降至最低。

② 正确认识疫苗、化学药品与消毒防疫之间的相互协同作用。

③ 改变过去只关心表面成本，不计算使用成本的观念。

④ 工作重心由过去的使用化学药品治疗生病动物，转变到使用疫苗和消毒来保护健康动物。

⑤ 由过去的"用化学药品来控制疾病"，逐渐变为"用消毒、免疫来控制疾病，用化学药品来治疗疾病"。

255. 如何建立检疫监测系统？

首先完善养殖场的检疫监测制度，每月对肉鸭群体进行抽样检测，检测结果要建立档案，方便以后查阅。

采用免疫学方法定期对鸭群进行监测，了解鸭群健康状况，及时发现疾病；正确了解评估免疫状态，掌握鸭群中传染病和寄生虫病流行分布，制订合理的免疫程序；对鸭群中常见的疾病和日常生产资料进行收集分析，监测各类疫情和防疫措施的效果，对鸭群健康水平进行综合评价，对疫病发生的危险度的预测预报等。在鸭病的临床症状和剖检变化越来越复杂、越来越不明显的情况下，实验室诊断对确诊鸭病越来越重要，常用的实验室诊断主要包括血清学检测、病原菌检测、病毒检测等。

七、肉鸭常见病防治

256. 肉鸭常见病可分为哪几类？ 主要有哪些？

鸭常见病主要分五类。主要有：

（1）传染病 如鸭瘟、病毒性肝炎、副黏病毒病、番鸭细小病毒病；

（2）寄生虫病 如球虫病、蛔虫病、毛细线虫病、丝虫病；

（3）营养代谢病 如蛋白质-能量营养不良症、维生素 A 缺乏病、坏血病等；

（4）中毒性疾病 如亚硝酸盐中毒、一氧化碳中毒等；

（5）普通病 如大肠杆菌病、葡萄球菌病等。

257. 肉鸭养殖场疾病防治的基本原则是什么？

（1）肉鸭场应建在远离市区、村庄和居民点的地方，远离屠宰场、畜禽产品加工厂等污染源；

（2）车辆、人员进出要严格消毒；

（3）采用"全进全出"的饲养制度；

（4）严格引种管理；

（5）科学地免疫接种。

258. 肉鸭场综合防治措施包括哪些内容？

（1）加强饲养管理，增强肉鸭的抗病能力 这是养好肉鸭的根本条件，也是搞好防疫的基础。要精心饲养，做到饲料配合得当，营养齐全，饲喂及时，饮食清洁；同时要加强科学管理，保持肉鸭舍内适宜的温度、湿度、光照和饲养密度，保持通风良好，环境安静，尽量减少人员走动或其他不良因素的刺激。生长良好的鸭子可避免发生营养性疾病，也有利于充分发挥疫苗的免疫效力。贯彻自繁自养的原则，防止由外场或外地引入病鸭，这是防病措施中最重要的内容。如果必须从外地或外场购入肉鸭时，一定要了解被购场的疫病发生情况，并经兽医人员检疫，引入后先隔离饲养 30 天，确定无任何传染病或寄生虫病时，方可混群饲养。严禁将参加过展览或送往集市或屠宰场不合格的鸭运回本场混入鸭群。也应禁止将生长缓慢的病鸭挑出与小日龄的健康肉鸭混群饲养。自繁自养还有助于免疫程序的制订，执行"全进全出"的饲养制度。在每次进雏前，有 1～2 周的空舍时间，便于清扫和消毒，确保下批雏鸭的防疫安全。

（2）做好免疫接种工作　许多传染病尤其是病毒性疾病尚无特效药物治疗，疾病发生后往往没有相应的对策，因此，对那些已有市售的疫苗或本地区已有的肉鸭传染病要进行定期的预防接种。如鸭瘟、鸭病毒性肝炎和鸭霍乱等，通过免疫注射，使鸭只产生特异性抵抗力，这是预防和控制鸭传染性疾病的可取而又经济的方法。要制订适合本场实际的全年免疫计划，严格按免疫程序进行免疫。

（3）采取适当的药物进行预防　如在饲料、饮水中加入某些药物或保健添加剂等，也是预防疾病的一种方法，但长期使用某一种药物可能会产生副作用或耐药性，要考虑定期更换药物，并注意某些药物的残留问题。

（4）搞好卫生消毒、灭鼠和粪便处理　消毒对象包括进出人员、车辆、鸭舍、饲养管理用具、垫草、运动场等。根据不同的消毒对象可采用不同的消毒药剂和方法。鼠类是多种疫病的传播者或宿主，养鸭场的鼠类已成为公害，饲料房、开放式鸭舍、鸭场废弃物和废弃设备堆集处，都是鼠类藏身和繁殖的场所，因此，应将消毒、灭鼠作为经常性的工作。粪便中含有大量的病原微生物，也是污染源，要进行无害化处理。

（5）**防止与野生水禽直接或间接接触**　野生水禽也是某些传染病和寄生虫病的贮存宿主和传播者，如鸭瘟、鸭球虫病、禽流感等。由于肉鸭场舍外饲养家鸭，残留的饲料和户外饲槽常可招致野生水禽的飞临，而与家鸭发生密切接触，污染饲料与水源，致使疾病传播。

（6）**防止蛋传播疾病**　所谓蛋传播疾病就是能从感染母鸭通过受精蛋传给仔鸭的疾病。有两种情况：一种是病原体在蛋壳和壳膜形成前感染卵巢卵泡（卵巢传递），在蛋的形成过程中进入，而由鸭蛋内部携带的，如沙门杆菌等；另一种情况是鸭蛋在产出时或产下后因环境卫生差，病原体污染蛋壳，如一般肠道菌，特别是沙门菌和大肠杆菌，也有铜绿假单胞菌和葡萄球菌以及霉菌。在孵化过程中可能造成死胚，但多数污染的蛋经孵化后，形成弱雏或带菌雏。在不良环境等应激因素的影响下，如育雏温度过低，则雏鸭可能发病或死亡。因此，预防蛋传疾病是提高雏鸭成活率的重要因素。平时注意种鸭舍的卫生，勤打扫或消毒产蛋窝，更换垫草并保持干燥，以减少污染蛋。蛋壳表面越干净，则壳上污染细菌就越少。还要增加拣蛋的次数。孵化用蛋宜集中后进行消毒，严禁用粪便污染的脏水洗蛋。新生幼雏进入育雏室后，在饲料中加入万分之四的氯霉素，连喂 3～5 天，能提高弱雏的成活率。

259. 鸭瘟的流行及其症状和病变是什么？

流行：鸭瘟是由疱疹病毒引起的鸭的一种急性、接触性、败血性的传染病。因发病鸭常见头颈部肿大，故俗称"大头瘟"。不同龄期和品种的鸭均可感染，自然发病多见于育成鸭和成鸭，但近来 10～15 日龄的雏鸭亦时有发生，流行期比较长，可达 15～30 天，死亡率在 90% 以上。

症状：病鸭表现为高热、头部肿胀、缩颈、流泪、眼睑水肿、两翅下垂、脚麻痹，严重的病鸭伏地不起，排绿色或灰绿色稀粪；产蛋鸭还可表现为产蛋率下降。

病变：剖检主要见病鸭呈全身急性败血症，颈部以至全身皮下组织及胸、腹腔的浆膜常见有淡黄色胶样浸润物；肝有不规则的、灰黄色坏死点，不少坏死点中间有小点出血，或其外围有环状出血带；脾稍肿，部分病例有灰黄色坏死病灶；小肠的内外表面可见环状出血带；肛门黏膜有充血、出血、水肿及坏死灶，内夹有较坚硬的物质；产蛋母鸭卵巢、卵泡充血和出血、变形，常见腹膜炎；成年公鸭的睾丸充血或出血。

260. 鸭病毒性肝炎的流行及其症状和症变是什么？

流行：本病是由小核糖核酸病毒引起的雏鸭的一种高致死率的急性、烈性传染病。各品种的鸭均易感，尤以快大型肉鸭发病最多，危害最大，发病日龄主要为 1～3 周龄，尤以 1～2 周龄最为严重，个别发病日龄达到 4～5 周龄。发病率为 30％～90％不等，致死率常在 90％以上。

症状：病鸭主要表现为发病急，一般多在出现症状后 24 小时内死亡，死亡高峰主要发生在发病后 3～4 天，濒死前出现角弓反张等神经症状为主要特征。

病变：剖检可见肝大，质脆易碎裂，樱桃红色，肝表面有大小不等的新鲜出血斑点，胆汁呈茶色或草绿色，部分肺瘀血、水肿。

261. 番鸭"花肝"病的流行及其症状和症变是什么？

流行：本病是 1998 年以来我国沿海地区发生的一种新的鸭病毒性传染病，以软脚、摇头和肝脏、脾脏及胰脏大量白色坏死点为主要特征，故暂称之为"花肝病"，其病原的归属问题仍在研究中。它主要侵害 1 月龄内雏番鸭，7～8 日龄即可发病，最多见于 10～25 日龄的雏番鸭，潜伏期为 2～4 天，发病率可高达 100％，死亡率通常为 20％～30％，严重的可高达 95％以上，给番鸭养殖户造成了严重损失。本病发病急、传播快，几天内即可波及全群，在出现死亡鸭后，病势发展较快，1～2 天内即达死亡高峰。

症状：病雏鸭表现精神沉郁，毛松震颤，两脚软弱无力，头颈下垂，有的可见喘气和下痢；有的表现健康，一旦出现症状则往往已是疾病的后期。

病变：剖检的特征性病变主要见于肝脏，肝稍肿大，色棕褐，散布许多针头大至粟米大的灰白色坏死小点；脾稍肿大，亦可见如肝脏的类似病变；肾苍白，有小点坏死出血；间或见胰腺水肿及小点状坏死，部分肺瘀血、水肿。

262. 番鸭细小病毒病的流行及其症状和症变是什么？

流行：本病是由细小病毒引起的一种急性、败血性的传染病。主要侵害 1～3 周龄的雏番鸭，特别多见于 10～18 日龄者，而鹅和其他种类的鸭不发病，临床以腹泻、呼吸困难和脚软为主要症状。经接触传染，一年四季均有发生，以冬、春季节居多，其潜伏期为 7 天左右，病程 6～7 天，出现 3～4 天后为死亡高峰，发病率 27%～62%，死亡率 22%～43%，病愈番鸭大部分生长发育受阻，成为僵鸭，给番鸭养殖户带来极大的经济损失，是番鸭饲养中的主要疾病之一。

症状：病鸭精神委顿，脚软伏地，食欲下降，饮水增加，严重腹泻，排黄绿色样粪便，混有大量气泡，有的还伴有喘鸣。

病变：剖检以肠道形成纤维素性炎，肠黏膜坏死、脱落为主要特征。

263. 肉鸭传染病的发生包括哪些基本环节？

传染病能够在肉鸭群中流行，必须同时具备传染源、传播途径和易感鸭群这三个基本环节，缺少其中任何一个环节，传染病就流行不起来。

264. 影响肉鸭群疾病易感性的主要因素有哪些？

（1）垂直传播疫病流行严重，肉种鸭质量亟须提高　由于很多肉鸭养殖户没有固定的种鸭场，雏鸭由别的厂家供给，雏鸭质量不稳定，易发生垂直传播的支原体病、鸭副伤寒、产蛋下降综合征、鸭传染性脑脊髓炎、鸭副黏病毒感染等疾病。

（2）鸭舍环境条件差　鸭舍条件、管理水平与肉鸭的生长速度、健康状况联系紧密，一旦鸭舍光线不充足、空气不流通、肉鸭密度过大及鸭舍不及时进行通风，导致鸭舍空气浑浊，那么肉鸭极易患病。

（3）免疫效果差　主要原因在于免疫程序不合理、不科学；疫苗保存、使用不当；滥用疫苗，则容易导致肉鸭的免疫力低下，病毒毒株的不断变异及毒力增强。

（4）气候、季节性流行病的影响。

（5）疾病不能得到及时、正确地诊断和治疗。

（6）缺乏有效的生物安全意识和措施，消毒不及时。

（7）滥用药物，药物蓄积引起中毒。

265. 肉鸭疾病的传播途径主要有哪些？

（1）卵源传播　有的病原存在于病鸭或感染鸭的卵巢或输卵管内，在蛋的形成过程中进入蛋内；有的蛋经肛门排出时，病原体附着在蛋壳上。还有一些通过被病原体污染的各种用具和工作人员的手感染。细菌或病毒进入蛋内的多少，主要取决于病变器官病原数量、蛋的污染程度、蛋的贮存温度、蛋壳的完好情况、气温高低、空气湿度大小及病原体的种类等条件。现已知由蛋传递的疾病有：鸭副伤寒、鸭大肠杆菌病、雏鸭病毒性肝炎等。

（2）孵化室传播　主要发生在雏鸭开始啄壳出壳期间，这时的雏鸭开始呼吸，接触周围环境，就会加重附着在蛋壳碎屑和绒毛中的病原体的传播。通过这一途径传播的疾病有：鸭曲霉菌病及脐炎，还有沙门菌病等。

（3）空气传播　存在于肉鸭呼吸道中的病原，通过喷嚏或咳嗽排到空气里，被健康肉鸭吸入而发生感染。有些病原体随分泌物、排泄物排出，干燥后可形成微小粒子或附着在尘埃上，经空气传播到较远的地方。经这种方式传播的疾病主要有：鸭流感、鸭霍乱、鸭大肠杆菌病、鸭曲霉菌病等。

（4）**饲料和饮水传播**　病鸭的分泌物、排泄物可直接进入饲料和饮水中，也可以通过污染的加工、贮存和运输工具、设备、场所及工作人员而间接进入饲料和饮水中，肉鸭摄入被污染的饲料或饮水而引起疾病的传播。

（5）**垫料和粪便传播**　病鸭（或某些健康鸭）的粪便中有大量的病原体，而病鸭使用过的垫料被含有病原体的粪便、分泌物和排泄物污染，如果不及时清除粪便和更换垫料，不严格消毒，就难以保证鸭群的健康，同时还会殃及其他鸭群。

（6）**羽毛传播**　部分病毒可存在于病鸭的羽毛中，如果对这种羽毛处理不当，可以成为该病的重要传播因素。

（7）**设备用具传播**　养鸭场的一些设备和用具，尤其是共用的设备和用具，如饲料箱、蛋箱、装鸭箱、运输车等，往往由于管理不善、消毒不严，成为传播疾病的重要媒介。

（8）**混群传播**　某些病原体往往不会使成年肉鸭发病，但它们仍然是带菌、带毒和带虫者，具有很强的传染性。假如把后备肉鸭群或新购入的肉鸭群与成年肉鸭群混合饲养，往往会造成许多传染病的爆发流行。由健康带菌、带病毒和带虫的肉鸭而传播的疾病有：鸭霍乱、鸭结核、球虫病、组织滴虫病等。

（9）**其他动物和人传播**　自然界中的一些动物（狗、猫、鼠、各种飞禽）和昆虫（蚊、蝇、蠓、蚂蚁、蜻蜓）、蝉、蛞蝓、甲壳虫、蚯蚓等，都是鸭传染病原的媒介，它们既可以起到机械的传播作用，又可以让一些病原体在自身体内寄生繁殖而起传染源的作用。如绦虫的发育，必须经过蚂蚁、甲壳动物的体内寄生才能完成。而人常常在鸭病传播中起着十分重要的作用，当经常接触鸭群的人所穿衣服、鞋袜，以及他们的体表和手被病原体污染后，如不彻底消毒，就会把病菌（毒）带进健康鸭舍，引起发病。

266. 肉鸭的传染病具有哪些特征？

肉鸭的传染病主要有以下两个特点：

（1）**流行形式多样**　根据肉鸭传染病于流行过程中在一定时间发病率的高低及流行强度，有散发性、地方流行性、流行性和大流行性四种表现形式。

（2）**季节性**　某些传染病经常在一定的季节发生，或在一定的季节出现发病率显著上升的现象称为传染病流行的季节性。

267. 如何防治鸭瘟？

鸭瘟是肉鸭的一种急性传染病，临床特点是高热、脚软、步行困难，拉绿色稀便，流泪。常见头颈部肿大，故有"大头瘟"之称。病原是一种疱疹病毒。不同年龄、品种和性别的鸭对该病毒都有很高的易感性。本病发生无明显的季节性，但通常在春、夏、秋季流行最严重。

治疗无特效药，主要是搞好预防接种和加强饲养管理。注射鸭瘟鸭胚弱毒苗，2 月龄以上肉鸭 200 倍稀释胸肌注射每只 1 毫升；初生雏鸭用 50 倍稀释液腿部肌注每只 0.25 毫升。

268. 如何防治肉种鸭病毒性肝炎？

鸭病毒性肝炎病原体是一种肠病毒，感染后潜伏期 1～4 天，突然发病，迅速传播。病鸭精神委顿、眼半闭、嗜睡状，并见神经症状、运动失调，身体倒向一侧，或背着地、转圈，双脚痉挛性运动，头向后仰，呈角弓反张姿势。上述症状出现几分钟至几小时内死亡。

利用高免血清和康复肉鸭血清肌内注射 0.5 毫升进行预防，也可用免疫过母鸭产的蛋，制成免疫蛋黄，给病鸭每只注射 1～1.5 毫升，增喂适量各种维生素及矿物质，以增强体质。不同日龄雏鸭严格实行隔离饲养。

269. 禽流感的诊断与防治过程是怎样的?

（1）**诊断** 根据流行特点、症状和病变特征做出初步诊断，确诊需根据病毒分离和鉴定。本病常与新城疫、传染性支气管炎、传染性喉气管炎、传染性鼻炎、慢性呼吸道病等有某些相似症状，必须用病毒学方法和血清学方法加以区别。

（2）**防治** 根据当地该病流行情况、流行病毒亚型，适时进行预防接种是防止本病发生的最有效途径，同时加强饲养管理，做好消毒措施等。一旦发现高致病力禽流感，不能进行治疗，必须按照国家有关规定对病鸭及同群鸭进行封锁、扑杀、无害化处理。

270. 如何充分发挥中兽药在肉鸭健康养殖疾病防治过程中的作用?

人们倡导的"健康养殖"，即只有在机体最佳健康状态下，才能有效地发挥最佳生产性能，生产最优质的畜产品。而当前肉鸭养殖业疫病流行多呈非典型病毒病、细菌病、混合感染、继发感染的特点，中药以其深厚的理论基础、低毒副、无药残等特点成为替代化学药品的首选。特别是针对病毒性传染病，中药具有多方位调节和治疗作用，可提高肉鸭机体的免疫力和抗应激能力，在休药期用中兽药替代西药防治疫病，具有低毒副作用，可有效降低体内的药物残留，同时还能促进生产性能的发挥，从而满足日益严格的食品安全需要。

近年来，中兽药生产企业按照中兽医理论指导开发出系列中兽药，构建中西结合畜禽防疫技术模式，大力推荐休药期使用中兽药，在控制疫病、药残上取得了良好的社会效益及经济效益。既弘扬了传统文化，又为中兽药的普及和应用找到了切入点，加大了兽医防疫技术模式的深度和力度，大大降低了肉鸭的发病率。某肉鸭公司通过试验得出，在肉鸭饲养全过程，特别是 25 日龄至出栏期间添加中兽药，可全部取代化学药品，延长饲养期至 52 天，肉鸭死亡率低、鸭群素质好、生产性能正常、料肉比合理、安全无药残，经国家畜禽产品质量检测中心检测，无任何有害药残，满足绿色、安全、优质肉鸭产品的生产标准。中兽药使用中投入产出比合理，以推荐的阶段式、全程式预防用量添加，可将中兽药成本控制在 0.30 元/只以内，节约兽药成本 0.2～0.4 元/只。

八、鸭场的经营管理与风险防范

（一）经营管理

271. 肉鸭企业经营管理内容包括哪些方面？

经营管理是指在进行鸭产品生产过程中，人为对其进行干预，使鸭生产更好更快地发展，获得最佳的综合效益。肉鸭企业的经营管理内容主要包括：

（1）生产前经营管理的决策 实施肉鸭健康养殖必须充分做好产前的决策，不可盲目行事。对鸭场的建场方针、奋斗目标以及实现这一目标所采取的重大措施做出选择与决定，包括经营方向、生产规模、饲养方式、鸭场建设等方面。生产规模取决于投资能力、饲养条件、技术力量、鸭苗来源和产品销售等方面的条件。饲养方式也必须按人力、物力和自然条件等情况来决定。

（2）生产中的组织与管理 健康养殖肉鸭生产过程中，要根据饲养规模、生产方式、饲养密度等配置合理的饲养面积和设施，最大限度地提高房舍、设备的利用率。生产计划应根据鸭场的性质、经营方向、生产规模、生产任务及销售预测情况合理制订。鸭场的生产管理则通过制订各种规章制度和方案作为生产过程中管理的纲领或依据，使生产能够达到预定的指标和水平。生产过程中采取合适的措施保证生产计划的实现。

（3）鸭场记录与分析 鸭场记录的内容因鸭场经营方式与所需资料而异，一般而言，主要包括财产记录、劳动记录、引种记录、培训记录、饲养技术人员信息记录、饲养管理记录、饲料及饲料添加剂采购和使用记录、兽药使用及免疫接种记录、日常消毒记录、病死或淘汰鸭的尸体无害化处理记录、活鸭检疫记录、收支记录、疾病防治记录，还包括生产事故记录、维修记录、会议记录等。所有记录应有相关负责人签字并原则上应妥善保存3年以上。

对鸭场各种记录资料的分析是通过一系列分析指标来实现的。一般而言，可将各种分析分为两大类，一是技术效果指标；二是经济效果指标。技术效果指标是分析各种技术的有效性及先进性，主要包括育雏成活率、育成率、入舍母鸭产蛋率、平均蛋重、种蛋受精率及孵化率、料重比、料蛋比等。经济效果指标是分析成本与收入之间的关系，主要包括利润分析、成本分析、劳动生产率分析、资金分析等指标。

272. 肉鸭企业的经营方式有哪几种？

肉鸭企业的经营方式主要有一条龙产业集团、"公司＋（基地）农户"代养模式及自主经营小规模鸭场等。

（1）一条龙产业集团 一条龙经营是当前国内发展较快的一种经营模式。在集团内集种鸭场、孵化场、饲料厂、屠宰与冷藏厂、肉食品深加工、熟食制品加工、羽绒制品加工、沼气、有机肥等生产加工于一体，产供销一条龙，还有自己的商品肉鸭养殖基地、生产技术服务中心、质量管理部、产品营销部等。这些部门把肉鸭生产的各个环节都包括在内，统一安排生产过程，计划性很强。

（2）"公司＋（基地）农户"代养模式 通常由一个肉鸭屠宰加工企业为龙头，多数建有自己的种鸭场、孵化场和饲料厂，与周围村镇结合，发展农村肉鸭养殖基地或养殖场户。龙头企业负责向养殖基地、养殖场户出资配送统一的鸭苗、饲料、防疫药品以及技术服务，养殖基地或养殖场户按照龙头企业的要求建造鸭舍，规范生产管理，落实日常饲养管理和卫生防疫，并签订购销合同。到了出栏日，由龙头企业上门收购，送到屠宰场进行屠宰加工和产品销售，公司按照料肉比和成活率两个标准，核算出每只鸭的利润，一起结算给农户。这种模式最大的好处在于既保障了原材料的供应，又不要担心销售问题，比较符合农户的意愿。但也存在一定的风险，主要是"前期投资"和"疾病"问题，农户仍需谨慎。

（3）自主经营小规模鸭场 这种模式是一些农民根据自己对肉鸭养殖效益的判断，结合自身的投资能力，自己建造的小型肉鸭养殖场，从种鸭场或放苗的龙头企业那里购买鸭苗，养成后自己随行就市进行销售。

273. 如何进行投资肉鸭养殖前的市场调查分析？

正确的市场调查是投资肉鸭健康养殖的基础，市场调查分析主要有以下两点：

（1）信息的收集 信息也是资源，信息可以出效益。需要收集的信息主要有：市场需求、货源供应、流通渠道、商品竞争、价格信息、经营管理、科技信息、新产品信息等。肉鸭养殖前要收集国内外肉鸭市场及家禽业相关信息资料，了解顾客和消费者的心理及对肉鸭产品的具体意见，及时掌握竞争者同类产品的产销情况、价格与质量变化、服务方法及经营方式等，并分析对本场影响的大小。收集到的信息要进行处理，包括原始数据的收集、加工整理（筛选、分组、汇总、更新）、传输、储存、分析、使用和反馈等。信息处理要做到及时、准确、完整、适用与经济。

（2）市场需求调查 可以对消费者和客户直接调查市场需求，这样得到的数据比较可靠。方法有：通过销售部门直接向客户调查；在大城市、大商场设调查员，定点、定时抽样调查市场价格，形成网络，及时汇总分析；充分利用鸭场积累的原有资料和社会有关部门提供的信息资料。

274. 构成肉鸭健康养殖的生产成本有哪些？

规模化肉鸭养殖场户的生产成本反映了生产设备的利用程度、劳动组织的合理性、饲养技术状况、种鸭生产性能潜力的发挥程度，并反映了养殖场户的经营管理水平。肉鸭健康养殖的生产成本主要包括以下两部分。

（1）固定成本 规模化肉鸭养殖企业的固定资产包括鸭舍、饲养设备、运输工具以及生活设施等。固定资产的特点是使用年限长，以完整的实物形态参加多次生产活动过程，并可以保持其固有的物质形态，只是随着它们本身的损耗，其价值逐渐转移到养成的肉鸭身上，以折旧方式支付。这部分费用和土地租金、基建贷款、管理费用等共同组成规模化肉鸭场的固定成本。

（2）可变成本 用于原材料、消耗性材料与工人工资之类的支出，随着产量的变动而变动，因此称为可变成本。其特点是参加一次生产过程就被消耗掉，主要包括鸭苗、饲料、垫料、药物、疫苗、水电、燃料以及各类运输费用、工人工资、管理费用等。其中饲料费用要占到总成本的 $60\%\sim70\%$。

275. 如何确定肉鸭养殖的盈亏点？

盈亏平衡点分析是一种动态分析，又是一种确定性分析，适合于分析短期问题。生产成本盈亏临界点又称保本点，它是根据收入和支出相等为保本生产的原理而确定的，这一临界点就是养鸭场盈利还是亏损的分界线。现举例说明如下。

（1）鸭蛋生产成本临界点

鸭蛋生产成本临界点＝饲料价格×日耗料量/（饲料费占总费用的百分数×日产蛋量）

如某鸭场每只种鸭日均产蛋 0.8 个，饲料单价 1.3 元/千克，饲料消耗 150 克/（天·只），饲料费占总成本的比率为 70%。则该种鸭场每个种蛋的生产成本临界点为：

种蛋生产成本临界点＝1.3×150/（0.7×0.8×1000）＝0.348

即表明每个种蛋平均价格达到 0.348 元，种鸭场可以保本，市场销售价格高于 0.348 元/个时，该种鸭场才能盈利。根据上述公式如果知道市场种蛋价格，也可以计算鸭场最低日均产蛋的临界点，鸭场日均产蛋高于此点即可盈利，低于此点就会亏损。

同理亦可判断肉鸭日增重的保本点。

（2）临界产蛋率分析

临界产蛋率＝每千克蛋的个数×饲料单价×日耗饲料量/（饲料
费占总费用的百分数×每千克鸭蛋价格）×100％

如果鸭群产蛋率高于此线即可盈利，低于此线就会亏损，可考虑淘汰处理。

276. 肉鸭健康养殖的经济效益如何核算?

肉鸭健康养殖的经济效益分析首先要计算生产成本。

（1）种蛋生产成本计算

每个种蛋成本＝（种鸭生产费用－副产品价值）/入舍种鸭出售
种蛋数

种鸭生产费用是指每只入舍种鸭自入舍至淘汰期间的各种费用之和，其中入舍种鸭自身价值以种鸭育成费用体现。副产品价值包括期内淘汰鸭、期末淘汰鸭、鸭粪等收入。

（2）肉仔鸭生产成本计算

每千克商品肉鸭成本＝（商品肉鸭生产费用－副产品价值）/出
栏商品肉鸭总重（千克）

每只商品肉鸭成本＝（商品肉鸭生产费用－副产品价值）/出栏
商品肉鸭数量

商品肉鸭生产费用包括苗鸭费与整个饲养期其他各项费用之和，副产品价值主要是鸭粪收入。

277. 提高肉鸭场经济效益的措施有哪些?

（1）优良品种的选择　肉鸭品种较多，但选择合适的品种是取得良好经济效益的基础。如樱桃谷鸭是世界著名的肉鸭商业品种，在各种气候、地形、饲养方式下均可养殖，可水养也可旱养，具有生长快、瘦肉率高、净肉率高和饲料转化率高以及抗病力强等优点。目前全国各地均有饲养，并且经济效益较高。

（2）做好消毒与防疫工作 良好的养殖环境是肉鸭健康成长的关键，进鸭苗前和养殖过程中的消毒工作尤为重要，上批肉鸭出栏后首先用 3%～5% 火碱溶液对鸭舍及用具等进行彻底消毒，空栏10 天以上，在进鸭苗前再消毒一次。养殖过程中要做好带鸭消毒工作，夏季 3 天一次，冬季一周一次，发生疫病时一天一次，最好选择多种高效低毒的消毒剂交替使用。合理的防疫程序保证了肉鸭的健康成长，可在 1 日龄注射小鸭病毒性肝炎疫苗，7～10 日龄注射禽流感疫苗。

（3）加强饲养管理 日常生产过程中应经常观察鸭群活动情况，及时调节温度、湿度、通风、光照，保证充足清洁的饮水，冬季要加强防寒保暖工作，夏季要做好防暑降温工作。

（4）合理的饲养密度 部分养殖户受养殖场地的限制，不顾自身养殖条件盲目增加养殖量，不但不会提高养殖效益，反而会适得其反，降低养殖效益。

（5）采用"全进全出"的饲养模式 树立"全进全出"的养殖理念是每个养殖场应遵循的科学养殖观念，这样便于统一管理，在疫病发生时可防止循环感染，降低养殖风险。

278. 如何通过管理增加肉鸭养殖效益？

（1）正确的经营决策 在广泛的市场调查并测算可获取的经济效益的基础上，结合分析内部条件，如资金、场地、技术、劳动力等，做出生产规模、饲养方式、生产安排的经营决策。正确的经营决策可收到较高的经济效益，错误的经营决策会导致重大的经济损失。

（2）正确的经营方针 按照市场需要和自身条件，充分发挥内部潜力，合理使用资金和劳动力，实现合理经营，提高劳动生产率，最终提高经济效益。既考虑目前收益，又要考虑长远效果。总之，正确的经营方针，要能够以最低的消耗取得更多的优质产品。

（3）适度的生产规模 一般情况下，肉鸭养殖的效益与饲养数量同步增长，即养得越多，效益越高。适度规模生产，便于应用科学的管理方法和先进的饲养技术，合理地配置劳动力，降低饲养成本。随着养鸭生产的进一步发展，市场竞争日益加剧，每个鸭场都要根据自身条件和市场情况确定出适合自己的饲养规模。

（二）风险防范

279. 什么是风险？ 进行风险防范有何重要意义？

风险是指在肉鸭生产过程中存在的许多影响肉鸭健康养殖的不确定因素。风险客观存在，并且对养殖企业的发展构成一定的威胁。在市场经济条件下，养殖企业作为市场的主体参与市场竞争，必须认清面临的各种风险，正确理解风险的存在。这样才能在市场竞争中识别、防范、化解和规避风险，才能避免运营中不可预见的损失，达到预期的目标。

养殖企业具有高风险的特征，在其经营过程中，会遇到技术、市场等多方面的风险，有些风险直接影响到生存，如果能采取恰当的方式处理好这些风险，企业的生存发展就能顺利；但若处理不好，企业就会受到生存挑战。做好肉鸭健康养殖企业的风险防范，使企业能及时采取相应措施化解风险，保持可持续发展。任何一个企业在发展过程中必然会遇到诸多风险，企业是否能够持续发展，关键要看防范风险和处理风险的能力。造成企业风险的原因有可控因素和不可控因素，并不是所有的风险都能防范，对于不可控的风险，企业应采取应急措施，因势利导，正确处理风险，使其对企业造成的损害降到最低，对于可控的风险，要提前采取措施，防患于未然。

280. 肉鸭健康养殖主要存在哪些风险？

（1）政策风险 企业要长久发展，就必须遵纪守法，按照国家的政策法规依法经营，按照国家对企业的发展指引去规划未来。由于国际、国内政治经济环境的变化，相应的经济政策也随时会有调整和修改，企业如果缺乏对大环境变化的预测，经营策略不能随之变化调整，这样的企业必定落伍甚至被淘汰。

（2）自然风险 台风、洪水、地震、暴雨、流行病、传染病等自然灾害都会给养殖企业造成直接或间接的损失甚至使之破产。对这一类风险，养殖企业应该有紧急应对措施。

（3）管理风险 企业决策和管理设计不科学、不合理、不能与时俱进，会造成工作、业务流程不合理，管理无序等，进而会成为阻碍企业战略目标实现的绊脚石。一旦在企业组织的设计和管理上出现问题，有时是致命的。企业为了确保正常运行，还必须根据企业的实际条件和要求制定合适的规章制度并严格执行。

（4）市场风险 市场风险是企业在某一个市场或产品的营销中由于政策、标准、竞争、质量、新产品的冲击、销售等因素，直接影响企业声誉、品牌、营业额，以至于被迫退出某个市场或淘汰某个产品，甚至导致停产、倒闭。"商场如战场"，通过竞争，优胜劣汰，也会给企业带来威胁。

（5）采购风险 物资采购是企业经营的一个核心环节，是企业获取利润的重要来源，如鸭苗、饲料、设备、疫苗、兽药等。物资采购又往往是企业经营管理中薄弱的一环，容易出问题。通过对采购过程的监督，加强采购风险管理，为提高产品质量和经济效益提供保障。

（6）技术风险 养肉鸭看起来很简单，但要养好，也不是一件容易的事，特别是规模养殖，科学的养殖技术尤为重要。

（7）财务风险 企业的现金流在很大程度上远比固定资产规模更为重要，再大规模的企业，一旦资金链断裂、现金流枯竭，则面临着破产的危险。财务风险的另外一个重要内容是对外举债、担保、投资的风险。企业举债和担保既应考虑需要，更应该考虑偿还能力和担保能力，对外担保更应该在排除自身风险或者把自身风险降到最低的情况下才能进行。

（8）人事风险 企业的核心技术、关键工作、客户资源不能只是个别员工有所掌握，这样局限性很大，一旦有所差错，则整个企业的运营将遭受全面影响。

（9）安全风险 自然或人为引发的安全事故，如果措施不当，很可能会成为企业的重大危机，如火灾、食物中毒、传染病等。

（10）疫病风险 肉鸭养殖一般密度都比较大，一旦发生疫情，控制较难，会给企业造成很大的损失。区域之间调运畜禽数量的增加，也加大了疫病发生流行的可能性，特别是现在交通发达，畜禽贩运范围更广，疫病防控难度进一步加大。

281. 鸭场如何进行风险管理？

风险管理是企业战略管理的核心内容之一，主要包括预警、决策和风险应对。

（1）预警 预警机制是风险防范的第一步，其第一要素是对风险信息的敏感度。风险信息的来源主要有行业动态、国内经济调控措施、国家经济政策的变化、企业销售数据、财务数据的非线性变化或异常波动、企业人力资源的异常变动以及企业质量控制的异常情况等。各个部门都有责任和义务报告可能面临的风险。

（2）决策 企业各个不同层次的决策机构应该对不同来源的风险预警信息在第一时间做出反应，做出科学决策，及时采取有效措施，使企业能进退自如，将可能的损失降到最低。更积极的决策是化风险为机遇。

（3）风险应对 对于可以预见的风险，如台风、地震、火灾、中毒等，都应该有预防制度和化解预案。对于随时可能出现的风险，最重要的应对应该是预警准确、决策及时、措施得当、预后处理完善。

282. 生产中如何规避养殖风险？

（1）时刻关注市场供求关系 养殖业是周期性波动的行业，受市场供求关系的影响，市场行情决定了养殖的利润。影响养殖业供求关系的因素主要有：疫病，疫病会导致一部分人退出该行业，或者导致养殖的肉鸭死亡，影响市场供给；行情，产品价格高时，行情好，会吸引一部分人参与进来，或者扩大养殖规模，导致供大于求；经济形势影响养殖产品的市场需求和价格；国家宏观政策，如补贴、保险等惠农支农政策，都会对市场养殖产生影响，导致供求失衡。

（2）**全面把握市场动态**　小规模的养殖场户通常根据前一期产品的供求和价格情况来决定下批的养殖规模，对市场信息的准确把握以及分析能力比较欠缺，行情好时一哄而上，行情差时弃市转产，导致市场供应短缺和过剩情况交替出现。要避免这种现象的发生，除了要掌握供求现状外，还应从养殖周期、交易等方面分析未来供求关系变化的趋势。

（3）**强化自身的抗风险能力**　养殖场户为了适应市场的变化，应提高抗风险能力，把风险因素考虑在生产之前，以便合理安排资金；平时也要加强管理，注意细节；积极了解市场动态是规避市场风险的基础，以平常心对待行情的变化；提倡科学养殖，精养细养，降低成本；提高对市场预测和判断的准确性，强化风险的应对能力。风险发生时也不要过度紧张，要对整个养殖周期的每一环节进行总结，进一步加强管理，计算成本与投入，合理出栏。

参 考 文 献

［1］ 魏刚才，唐海主编．肉鸭安全高效生产技术．北京：化学工业出版社，2012.

［2］ 程安春主编．鸭标准化规模养殖图册．北京：中国农业出版社，2013.

［3］ 周新民，陈桂银主编．鸭高效生产技术手册．上海：上海科学技术出版社，2002.

［4］ 李玉保主编．鸭鹅标准化饲养新技术．北京：中国农业出版社，2005.

［5］ 王生雨主编．鸭健康养殖技术．北京：中国农业大学出版社，2013.

［6］ 中华人民共和国农业部主编．肉鸭技术100问．北京：中国农业出版社，2009.

［7］ 陈章言主编．蛋鸭日常管理及应急技巧．北京：中国农业出版社，2014.

［8］ 中华人民共和国农业部．肉鸭饲养标准．北京：中国农业出版社，2012.

［9］ 刘文文．浅析鸭几种常见维生素缺乏症的诊断与防治．畜牧与饲料科学，2010，31（9）.

［10］ 杨宁主编．家禽生产学．第2版．北京：中国农业出版社，2012.

［11］ 郑万来，徐英主编．养禽生产技术．北京：中国农业大学出版社，2014.

［12］ 郝金法主编．肉鸭生产技术问答．北京：中国农业大学出版社，2006.

［13］ 郭世宁，孔德胜主编．生态养鸭．北京：中国农业出版社，2011.

［14］ 李童，葛密艳，时少磊主编．肉鸭标准化规模养殖技术．北京：中国农业科学技术出版社，2013.

［15］ 刘玉庆主编．肉鸭养殖专家答疑．济南：山东科学技术出版社，2013.

［16］ 黄勤楼，黄瑜等．优质肉鸭健康养殖技术．北京：中国农业科学技术出版社，2014.

［17］ 杨承忠主编．肉鸭饲养关键技术．广州：广东省出版集团，广东科技出版社，2009.

［18］ 董瑞璠主编．鸭快速育肥．北京：中国农业科学技术出版社，2006.

［19］ 李银主编．鸭鹅疾病防治路路通．南京：江苏科学技术出版社，2008.

［20］ 郭玉璞，王惠民主编．鸭病防治．北京：金盾出版社，2009.

［21］ 程安春主编．养鸭与鸭病防治．北京：中国农业大学出版社，2012.

［22］ 张春江主编．肉鸭网上旱养育肥技术．北京：科技文献出版社，2012.

［23］ 顾小根，陆新浩，张存主编．常见鸭病临床诊治指南．杭州：浙江科学技术出版社，2012.